智能制造类产教融合人才培养系列教材

增材制造工程材料基础

主　编　潘家敬　王　宁
副主编　韩　锐　陈　庆
参　编　吴　鑫　肖浚艺　郭怀志　瞿旭春
主　审　谢琰军　刘新宇

机 械 工 业 出 版 社

本书从增材制造技术应用出发，内容涉及增材制造用材料科学基础、增材制造用金属材料、增材制造用高分子材料、增材制造用陶瓷材料、增材制造用液态光敏树脂、增材制造用复合材料、增材制造用导电油墨材料、增材制造用生物医用材料及增材制造用材料的力学性能。通过学习，学生可掌握面向增材制造技术的材料及其制备工艺。

本书内容翔实，图文并茂，既有理论研究又有实际应用，是一本对增材制造用材料的研究和应用具有实用价值的教材。

本书可作为高等职业院校和普通高等院校机械类或近机械类专业的教材，也可作为相关岗位的培训教材或供相关工程技术人员学习、参考。

为便于教学，本书配套有电子课件、微课视频等教学资源，凡选用本书作为授课教材的教师可登录 www.cmpedu.com，注册后免费下载。

图书在版编目（CIP）数据

增材制造工程材料基础/潘家敬，王宁主编. —北京：机械工业出版社，2021.7（2023.1 重印）

智能制造类产教融合人才培养系列教材

ISBN 978-7-111-68698-9

Ⅰ.①增… Ⅱ.①潘… ②王… Ⅲ.①快速成型技术-应用-工程材料-高等职业教育-教材 Ⅳ.①TB3

中国版本图书馆 CIP 数据核字（2021）第 139405 号

机械工业出版社（北京市百万庄大街 22 号 邮政编码 100037）
策划编辑：黎 艳 责任编辑：黎 艳 赵文婕
责任校对：李 杉 封面设计：张 静
责任印制：郜 敏
三河市宏达印刷有限公司印刷
2023 年 1 月第 1 版第 2 次印刷
184mm×260mm · 10 印张 · 167 千字
标准书号：ISBN 978-7-111-68698-9
定价：39.00 元

电话服务 网络服务
客服电话：010-88361066 机 工 官 网：www.cmpbook.com
010-88379833 机 工 官 博：weibo.com/cmp1952
010-68326294 金 书 网：www.golden-book.com

机工教育服务网：www.cmpedu.com

前　言

本书从增材制造技术应用的角度出发，阐明增材制造工程材料的基本理论，增材制造用材料的成分、组织、结构与性能之间的关系；介绍常用增材制造用材料及其制备工艺等基本知识。本书的目的是让学生通过学习，掌握面向增材制造技术的材料及其制备工艺，要求学生掌握金属材料、高分子材料、陶瓷材料、液态光敏树脂复合材料、导电油墨材料及生物医用材料，重点培养学生合理、正确选用增材制造用材料的能力。

本书具有系统性、全面性、普遍性和新颖性，图文并茂，既有理论研究又有实际应用，是一本对增材制造用材料的研究和应用具有实用价值的教材。本书的主要特点如下：

1）内容侧重于应用理论、应用技术和材料的选用，强调密切联系生产实际，力求突出实践应用，注重技能培养。

2）突出知识的应用性、实践性和创新性，并贯彻现行的国家标准及行业标准。

3）以学生能力的培养和提升为教学重点，内容力求少而精，以“够用、适度”为原则，紧贴生产实际，为学生毕业后进入企业的无缝对接奠定了良好的基础。

本书学时分配建议如下：

学时分配建议（课程安排）

教学内容	讲课时数	实验时数
绪论	2	
第1章　增材制造用材料科学基础	4	
第2章　增材制造用金属材料	4	8
第3章　增材制造用高分子材料	4	8
第4章　增材制造用陶瓷材料	4	8
第5章　增材制造用液态光敏树脂	4	8
第6章　增材制造用复合材料	4	
第7章　增材制造用导电油墨材料	4	
第8章　增材制造用生物医用材料	2	
第9章　增材制造用材料的力学性能	2	
合计	34	32

本书由安世亚太（ANSYS-CHINA）公司具有丰富教学经验和实践能力的专业教师、企业工程师们共同编写。

由于编者水平有限，书中不妥和疏漏之处在所难免，敬请读者批评指正。

编　者

目　录

前言

绪论 …… 1

第1章　增材制造用材料科学基础 …… 2

1.1　金属材料科学基础概述 …… 2

1.1.1　金属晶体理论基础 …… 2

1.1.2　实际金属的晶体结构 …… 11

1.1.3　固溶体 …… 18

1.1.4　中间相 …… 20

1.1.5　相图的基本知识 …… 22

1.1.6　二元相图 …… 27

1.2　高分子材料科学基础 …… 48

1.2.1　高分子化合物的化学组成及相对分子质量 …… 48

1.2.2　聚合反应的类型 …… 49

1.2.3　高分子材料的分类和命名 …… 49

1.2.4　高分子链的组成与构型 …… 51

1.2.5　高分子化合物聚集态结构 …… 52

1.2.6　高分子合成材料的力学状态 …… 53

1.3　陶瓷材料科学基础 …… 55

1.3.1 陶瓷材料的分类 …… 55
1.3.2 陶瓷材料的结构 …… 56
1.3.3 陶瓷材料的性能 …… 59

第2章 增材制造用金属材料 …… 62

2.1 常用的金属材料 …… 62
2.1.1 钛合金 …… 62
2.1.2 不锈钢 …… 64
2.1.3 铝合金 …… 64
2.1.4 铜合金 …… 65
2.1.5 钴铬合金 …… 66
2.1.6 镍基合金 …… 67
2.1.7 难熔金属 …… 68
2.2 金属粉末的表征 …… 68
2.2.1 粉末粒度及粒度分布 …… 68
2.2.2 化学成分 …… 69
2.2.3 球形度和球形率 …… 70
2.2.4 流动性 …… 70
2.2.5 松装密度和振实密度 …… 71
2.3 金属粉末的制备 …… 72
2.3.1 真空感应气雾化（VIGA法）制粉 …… 72
2.3.2 电极感应气雾化（EIGA法）制粉 …… 72
2.3.3 等离子旋转电极雾化（PREP法）制粉 …… 73
2.3.4 等离子雾化法（PA法）制粉 …… 73

第3章 增材制造用高分子材料 …… 75

3.1 增材制造用工程塑料 …… 75
3.1.1 ABS …… 76
3.1.2 PC（聚碳酸酯） …… 77
3.1.3 PA（聚酰胺、尼龙） …… 77
3.1.4 PS（聚苯乙烯） …… 78
3.1.5 PLA（聚乳酸） …… 78
3.1.6 PVA（聚乙烯醇） …… 79

3.1.7 PETG …… 79
3.1.8 TPU（热塑性聚氨酯弹性体橡胶） …… 80
3.1.9 PEEK（聚醚醚酮） …… 80
3.2 高分子丝材的制备 …… 81
3.3 高分子粉末材料制备方法 …… 81
3.3.1 低温粉碎法 …… 81
3.3.2 溶剂沉淀法 …… 82

第4章 增材制造用陶瓷材料 …… 84

4.1 增材制造用传统陶瓷 …… 84
4.1.1 黏土矿物 …… 84
4.1.2 混凝土 …… 85
4.1.3 覆膜砂 …… 85
4.1.4 玻璃 …… 85
4.2 增材制造用现代陶瓷 …… 86
4.2.1 氧化铝陶瓷 …… 87
4.2.2 二氧化硅陶瓷 …… 89
4.2.3 氧化锆陶瓷 …… 91
4.2.4 碳化硅陶瓷 …… 93
4.2.5 氮化硅陶瓷 …… 94
4.3 陶瓷粉体制备工艺 …… 96
4.3.1 机械破碎法粉体制备工艺 …… 96
4.3.2 固相法制备陶瓷粉体 …… 98
4.3.3 液相法制备陶瓷粉体 …… 99
4.3.4 气相法制备陶瓷粉体 …… 101
4.4 陶瓷粉体的表征与测量 …… 102
4.4.1 粉体的表征 …… 102
4.4.2 粒度的测试 …… 102

第5章 增材制造用液态光敏树脂 …… 105

5.1 光敏树脂材料概述 …… 105
5.2 光敏树脂材料的分类 …… 106
5.3 光敏树脂材料的组成 …… 107

5.4 光敏树脂材料固化机理 …… 108
5.5 光敏树脂的收缩 …… 110
5.6 光敏树脂的合成 …… 111

第6章 增材制造用复合材料 …… 114

6.1 纤维增强复合材料 …… 114
6.1.1 增强纤维种类 …… 115
6.1.2 制备方法 …… 116
6.2 高分子粉末复合材料 …… 117
6.2.1 高分子粉末复合材料的种类 …… 117
6.2.2 高分子粉末复合材料的制备方法 …… 118
6.3 金属基复合材料 …… 119
6.3.1 金属基复合材料的种类 …… 119
6.3.2 金属基复合材料的制备方法 …… 119

第7章 增材制造用导电油墨材料 …… 121

7.1 导电油墨的种类 …… 121
7.1.1 纳米银导电油墨 …… 122
7.1.2 纳米金导电油墨 …… 122
7.1.3 纳米铜导电油墨 …… 122
7.1.4 碳纳米管导电油墨 …… 123
7.2 纳米金属粉末的制备 …… 123
7.2.1 溶胶-凝胶法 …… 123
7.2.2 激光诱导化学气相沉积法 …… 124
7.2.3 水热法（高温水解法） …… 124
7.2.4 液相化学还原法 …… 124
7.2.5 电解法 …… 124
7.3 液态金属导电油墨 …… 125

第8章 增材制造用生物医用材料 …… 126

8.1 生物医用金属材料 …… 126
8.1.1 多孔钛材料 …… 126
8.1.2 形状记忆合金 …… 127

8.1.3 贵金属和纯金属（钽、铌、锆） …… 129
8.2 增材制造用生物医用高分子材料 …… 129
8.2.1 水凝胶 …… 129
8.2.2 组织工程支架 …… 131
8.3 增材制造用生物医用陶瓷 …… 132
8.3.1 羟基磷灰石 …… 133
8.3.2 磷酸三钙生物陶瓷 …… 134
8.3.3 生物玻璃 …… 134

第9章 增材制造用材料的力学性能 …… 135

9.1 材料的强度与塑性 …… 135
9.2 材料的硬度 …… 138
9.3 材料的冲击韧性 …… 141
9.4 材料的疲劳强度 …… 143
9.5 材料的断裂韧性 …… 145

参考文献 …… 147

绪 论

增材制造（Additive Manufacturing，AM）技术，也称3D打印技术，是20世纪80年代后期发展起来的新型制造技术。期间也被称为材料累加制造（Material Increse Manufacturing）、快速原型（Rapid Prototyping）、分层制造（Layered Manufacturing）、实体自由制造（Solid Free-form Fabrication）等。

增材制造技术是指基于离散-堆积原理，由零件三维数据驱动直接制造实体产品的科学技术体系。相对于传统的减材制造（材料去除加工），增材制造无须模具，可直接运用数字化技术制造实体模型，具有原材料浪费少、制造流程短、工艺简单、可成型复杂形状和梯度结构等特点，是一种多元制造方法。

增材制造技术是集数字建模、机械控制、材料学以及信息技术等为一体的新型技术。增材制造技术的未来不仅取决于增材制造技术本身，同时也取决于增材制造技术新材料的开发。

第1章 增材制造用材料科学基础

1.1 金属材料科学基础概述

1.1.1 金属晶体理论基础

1. 晶体和非晶体

固态物质根据原子或分子的聚集状态可分为晶体和非晶体两大类。

原子或分子在空间呈周期性规则排列的固体称为晶体，如金刚石、石墨和固态金属及其合金等。原子或分子呈无规则排列或短程有序排列的固体称为非晶体，如松香、塑料、普通玻璃、沥青和石蜡等。

因为晶体与非晶体的原子排列方式不同，所以两者在性能上的表现有所不同。晶体一般具有规则的外形和固定的熔点，并且单晶体在性能上表现出各向异性；非晶体没有固定的熔点，热导率和热膨胀系数较小，组成的变化范围大，在各个方向上原子的聚集密度大致相同，在性能上表现出各向同性。

晶体与非晶体在一定条件下是可以互相转化的。有些金属液体极快速冷却可以凝固成非晶态金属，而普通玻璃高温加热后长时间保温可以形成结晶态玻璃。

2. 晶格、晶胞和晶格常数

为了便于分析晶体中的原子排列情况，把晶体中的原子（离子、分子或原子团）抽象成几何质点，称为阵点。这些阵点可以是原子的中心，也可以是彼此等同的原子群的中心，所有阵点的物理环境和几何环境都相同。由这些阵点有规则地周期性重复排列所形成的三维空间阵列，称为空间点阵，如图 1-1 所示。用假想的直线将阵点在空间的三个方向上连接起来而形成的空间格架，称为晶格，如图 1-2 所示。晶格能够形象地表示晶体中原子的排列规律。

从晶格中提取能够完全反映空间晶体结构特征的最基本的几何单元，称为晶胞，如图 1-3 所示。晶胞在三维空间的重复排列就构成晶格，并形成晶体。晶胞各棱边长度分别用 a、b、c 表示，通常称为晶格常数或点阵常数；棱边之间夹角分别用 α、β、γ 表示，又称为棱间夹角或轴间夹角。晶胞的几何形状和大小常以晶胞的棱边长度 a、b、c 和棱间夹角 α、β、γ 表示。

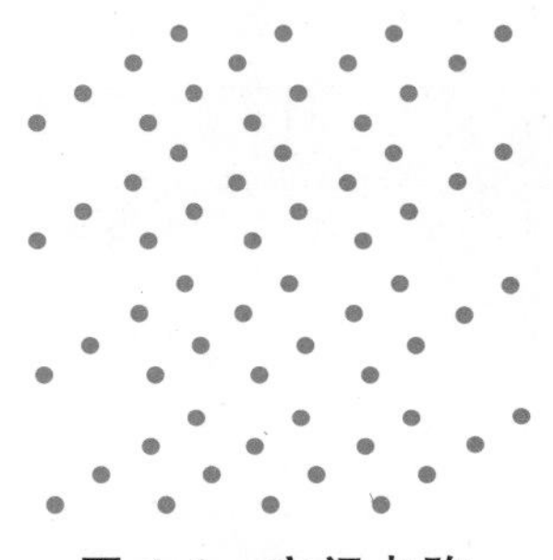

图 1-1　空间点阵

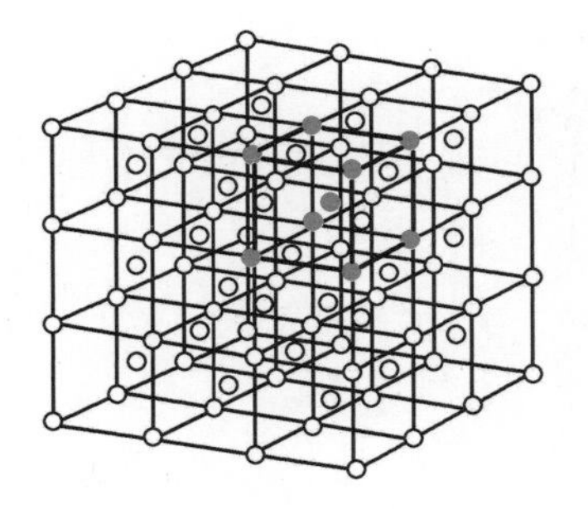

图 1-2　晶格

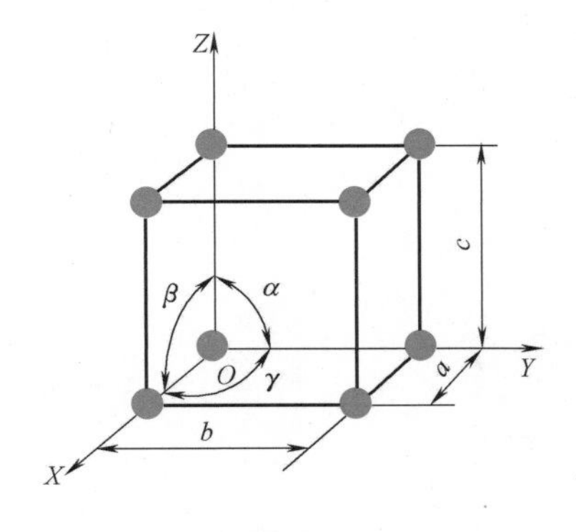

图 1-3　晶胞

根据晶胞的晶格常数和棱间夹角的相互关系分析所有的晶体，发现它们的空间点阵可分为 14 种类型，称为布拉菲点阵；进一步根据空间点阵的基本特点进行归纳整理，可将 14 种空间点阵归属于 7 个晶系，具体分类见表 1-1。

3. 晶面和晶向及其标定

晶体中由一系列原子组成的平面，称为晶面，任意两个原子之间连线所指的方向，称为晶向。由于金属的许多性能和金属中发生的许多现象都与晶体中的特定晶面和晶向有关，所以晶面和晶向的表达就具有特别重要的意义。用数字符号定量地表示晶面或晶向，这种数字符号称为晶面指数（hkl）或晶向指数［uvw］。

表 1-1　7 个晶系和 14 种点阵类型

晶系和实例	点阵类型			
	简单	底心	体心	面心
三斜晶系 （$\alpha\neq\beta\neq\gamma\neq 90°$， $a\neq b\neq c$） K_2CrO_7	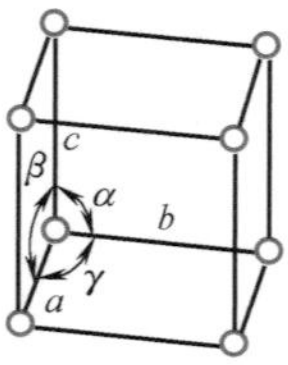 c, β, α, b, γ, a			
单斜晶系 （$\alpha=\gamma=90°\neq\beta$， $a\neq b\neq c$） β-S	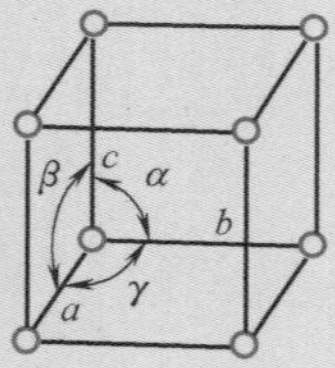 β, c, α, b, γ, a	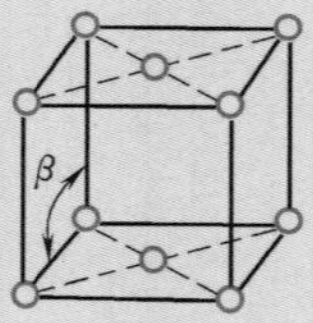 β		
正交晶系 （$\alpha=\beta=\gamma=90°$， $a\neq b\neq c$） α-S，Fe_3C	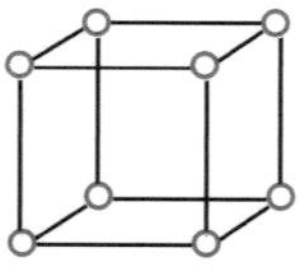	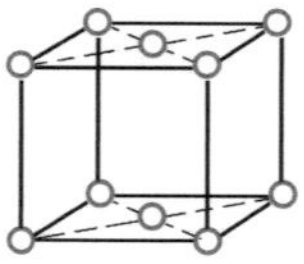	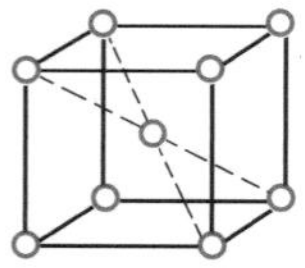	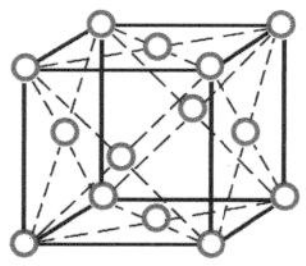
四方晶系 （$\alpha=\beta=\gamma=90°$， $a=b\neq c$） β-Sn	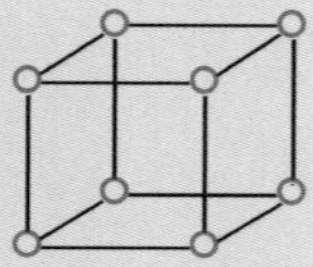		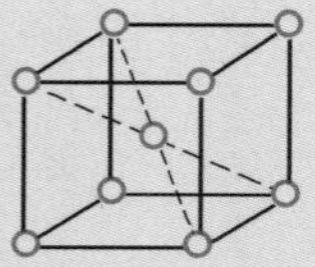	

（续）

晶系和实例	点阵类型			
	简单	底心	体心	面心
立方晶系 （$\alpha=\beta=\gamma=90°$， $a=b=c$） Fe，Cr，Ag	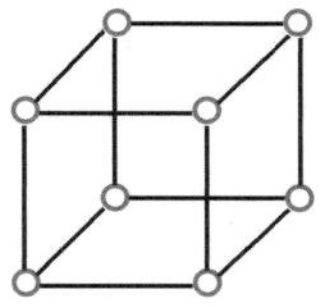		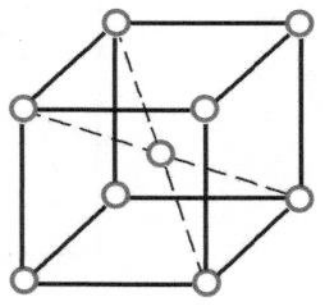	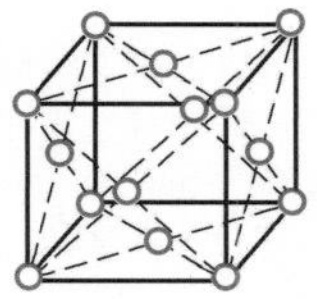
菱方晶系 （$\alpha=\beta=\gamma\neq90°$， $a=b=c$） As，Sb，Bi	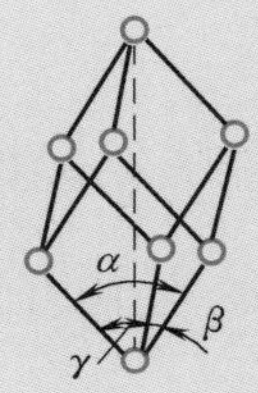 α β γ			
六方晶系 （$a_1=a_2=a_3\neq c$， $\alpha=\beta=90°$，$\gamma=120°$） Zn，Cd，Mg	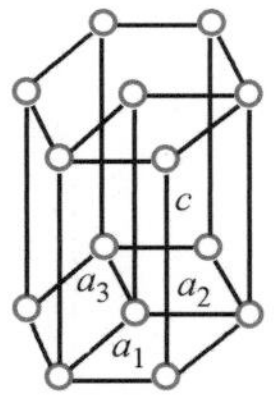 c a_3 a_2 a_1			

现以立方晶格为例，说明晶面指数和晶向指数的标定步骤。

（1）晶面指数的标定

1）设坐标。以晶胞的某一顶点作为空间坐标系的原点 O（坐标原点应位于待定晶面之外），以互相垂直的三个棱边为坐标轴 X、Y、Z，如图 1-4 所示。

2）求截距。以晶胞的棱边长度（晶格常数）为度量单位，量取某一晶面在三个坐标轴上的截距。图 1-4 所示的阴影晶面在三个坐标轴上的截距分别为 1、∞、∞。

3）取倒数。求出截距的倒数。图 1-4 所示的阴影晶面截距取倒数分别为 1/1、1/∞、1/∞，即 1、0、0。

4）化整数、加括号。将三个倒数化成等比例的简单整数，并将所得数值依次连写后列入圆括号内，即得晶面指数。图 1-4 所示的阴影晶面的晶面指数为

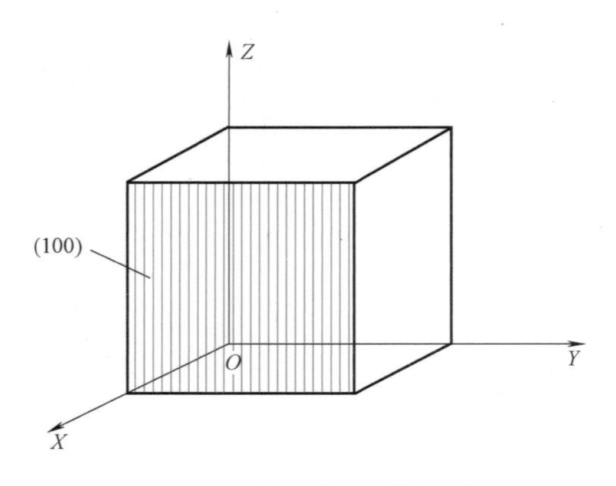

图 1-4　晶面指数的标定

(100)。

晶面指数的一般表示形式为（hkl），如果所求晶面在坐标轴上的截距为负值，则在相应的指数上方加上负号，如（$\bar{h}$kl）。图 1-5 所示为立方晶格中的一些常见晶面的晶面指数。

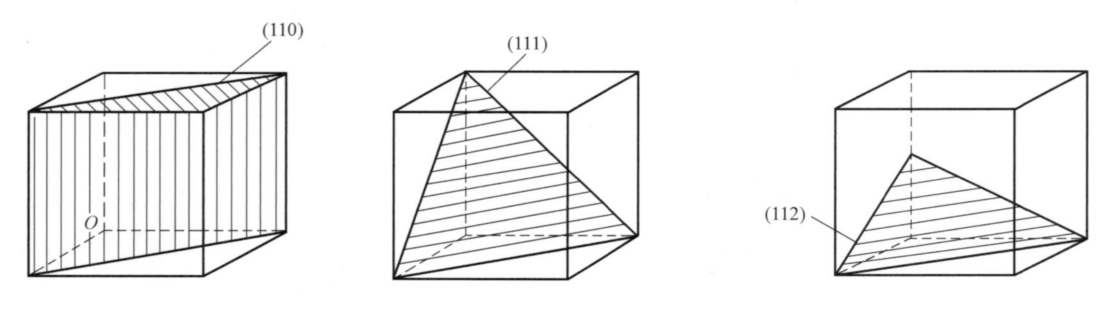

图 1-5　立方晶格中的一些常见晶面的晶面指数

（2）晶向指数的标定　以图 1-6 所示立方晶格中晶向 *OA* 为例，介绍立方晶格中晶向指数的标定步骤。

1）设坐标。把坐标原点放在待标定晶向的任一原子中心处，如图 1-6 所示，放在 *O* 点。

2）求坐标值。以晶格常数为度量单位，找出待标定晶向的另一原子中心在三个坐标轴上的坐标值。图 1-6 中 *A* 点的坐标值分别为：$X=1$，$Y=1$，$Z=1$。

3）化整数、加括号。把坐标值化为最小的简单整数，并列在方括号中，即为该晶向的晶向指数。图 1-6 中 *OA* 的晶向指数为［111］。

晶向指数的一般表示形式为［uvw］，如果所求晶向中某一原子点在坐标轴上的坐标值为负值，则在相应的指数上方加上负号，如（$\bar{u}$vw）。图 1-7 所示为立方

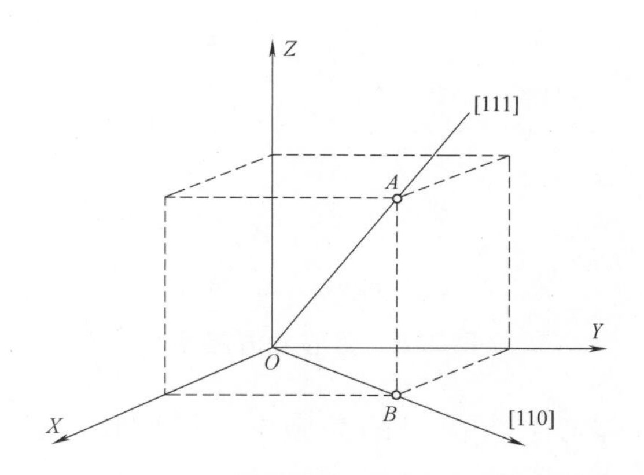

图 1-6　立方晶格中一些晶向的晶向指数

晶格中的一些常见晶向的晶向指数。

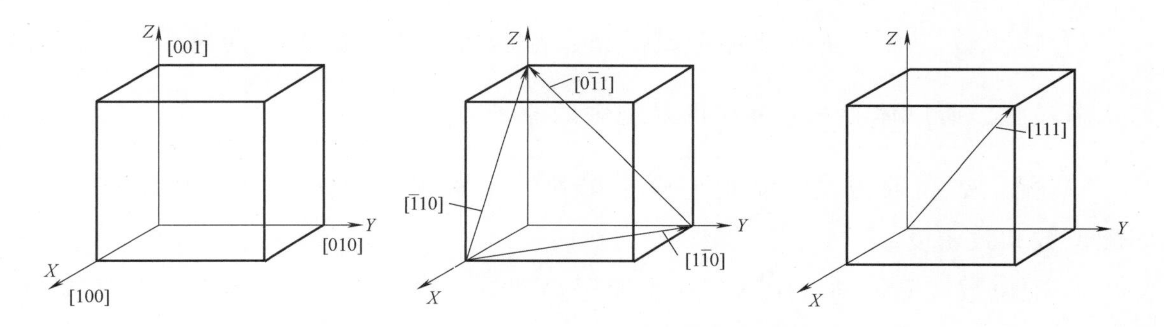

图 1-7　立方晶格中的一些常见晶向的晶向指数

在立方晶系中，由于原子排列具有高度的对称性，故存在着许多原子排列完全相同但不平行的对称晶面（或晶向），通常把这些晶面（或晶向）归结为同一晶面族（或晶向族），表示为{hkl}（或<uvw>）。在同一晶面族（或晶向族）中的各晶面（或晶向）的指数值相同，但符号和次序不同，如{100}晶面族的各晶面指数为（100）、（010）、（001）、（$\bar{1}$00）、（0$\bar{1}$0）、（00$\bar{1}$）；<100>晶向族的各晶向指数为［100］、［010］、［001］、［$\bar{1}$00］、［0$\bar{1}$0］、［00$\bar{1}$］。

4. 金属中三种典型的晶体结构

金属元素中约有 90%以上的金属晶体具有比较简单的晶体结构，其中最常见的金属晶体结构有三种类型：体心立方晶格、面心立方晶格和密排六方晶格。

（1）体心立方晶格　体心立方晶格如图 1-8 所示。晶胞的三个棱边长度相等，在晶胞中立方体的八个顶角和立方体中心排列一个原子。具有体心立方晶格的金属有 α-Fe、Cr、W、Mn 和 V 等。

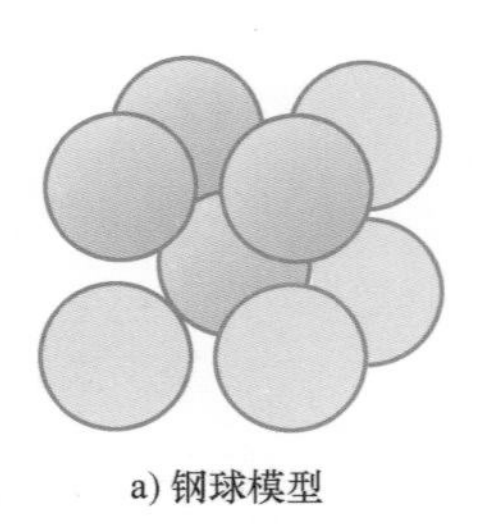
a) 钢球模型

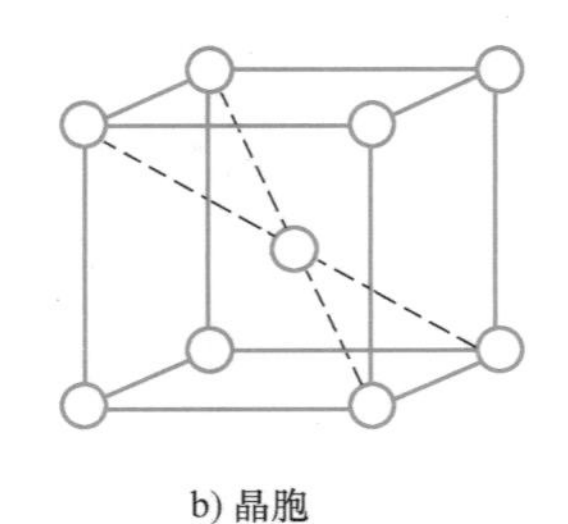
b) 晶胞

c) 单胞原子数

图 1-8　体心立方晶格

1）原子半径。在体心立方晶格的晶胞中，晶胞体对角线的原子是紧密接触的，如图 1-8c 所示，假设晶胞的晶格常数为 a，则体对角线的长度为$\sqrt{3}a$，因此体心立方晶格的晶胞中的原子半径 $r=\frac{\sqrt{3}}{4}a$。

2）原子数。由于晶胞堆垛形成晶格，晶胞每个角上的原子同属于与其相邻的八个晶胞，所以体心立方晶格的晶胞中的原子数为 $8\times\frac{1}{8}+1=2$。

3）配位数和致密度。晶胞中原子排列的紧密程度通常用两个参数来表征，即配位数和致密度。

① 配位数。晶体结构中与任一个原子最邻近、等距离的原子数目，称为配位数。在体心立方晶格中，以立方体中心的原子来看，与其最邻近、等距离的原子数有八个，所以体心立方晶格的配位数为 8。显然，配位数越大，晶体中的原子排列便越紧密。

② 致密度。原子排列的紧密程度可用原子所占体积与晶胞体积之比表示，称为致密度，即

$$K=\frac{nV_1}{V}$$

式中　K——致密度；

n——一个晶胞实际包含的原子数；

V_1——一个原子的体积；

V——晶胞的体积。

则体心立方晶格的致密度为

$$K=\frac{nV_1}{V}=\frac{2\times\frac{4}{3}\pi r^3}{a^3}=\frac{2\times\frac{4}{3}\pi\left(\frac{\sqrt{3}}{4}a\right)^3}{a^3}\approx 0.68$$

（2）面心立方晶格　面心立方晶格如图 1-9 所示，在晶胞中立方体的八个顶角和立方体六个面的中心各排列一个原子。具有面心立方晶格的金属有 γ-Fe、Cu、Al、Au、Ag、Pd 等。

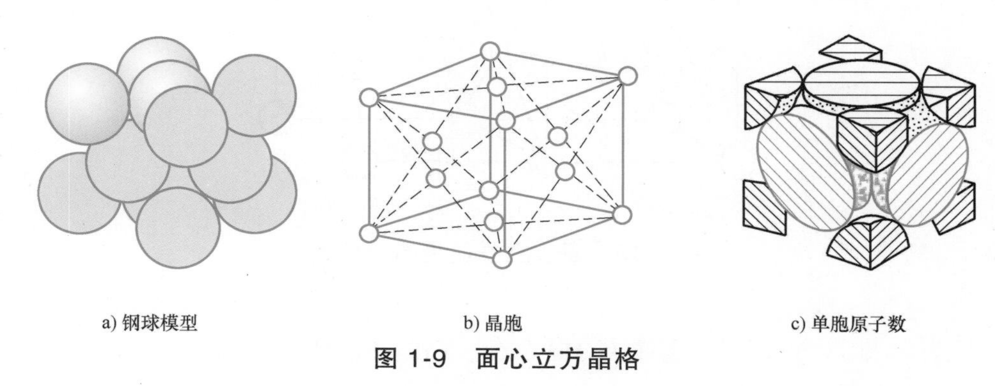

a) 钢球模型　　b) 晶胞　　c) 单胞原子数

图 1-9　面心立方晶格

1）原子半径。在面心立方晶格的晶胞中，晶胞面对角线的原子是紧密接触的，如图 1-9c 所示，假设晶胞的晶格常数为 a，则面对角线的长度为$\sqrt{2}a$，因此面心立方晶格的晶胞中的原子半径 $r=\frac{\sqrt{2}}{4}a$。

2）原子数。由于晶胞堆垛形成晶格，晶胞每个角上的原子同属于与其相邻的八个晶胞，六个面心的原子同属于相邻的两个晶胞，所以面心立方晶格的晶胞中的原子数为 $8\times\frac{1}{8}+6\times\frac{1}{2}=4$。而每个晶胞的原子数都为 4。

3）配位数和致密度。晶胞中原子排列的紧密程度通常用两个参数来表征，即配位数和致密度。

① 配位数。如图 1-10 所示，以面心原子为例，与之最邻近的是它周围顶角上的四个原子，这五个原子构成了一个平面，这样的平面共有三个，三个面相互垂直，结构形式相同，所以与面心最邻近、等距离的原子共有 4×3＝12 个。因此面心立方晶格的配位数为 12。

② 致密度。面心立方晶格的致密度为

$$K=\frac{nV_1}{V}=\frac{4\times\frac{4}{3}\pi r^3}{a^3}=\frac{4\times\frac{4}{3}\pi\left(\frac{\sqrt{2}}{4}a\right)^3}{a^3}\approx 0.74$$

（3）密排六方晶格　密排六方晶格如图 1-11 所示，在晶胞的十二个顶角和上、下两个底面的中心各排列一个原子，此外，在柱体中心还等距离排列着三个

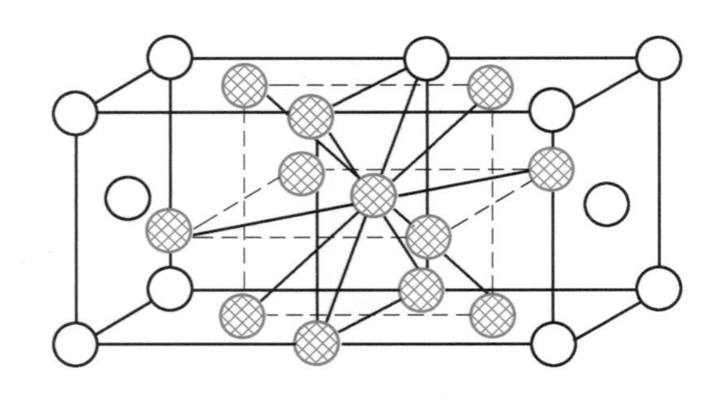

图 1-10　面心立方晶格的配位数

原子。具有密排六方晶格的金属有 Mg、Zn、Cd、Be 等。

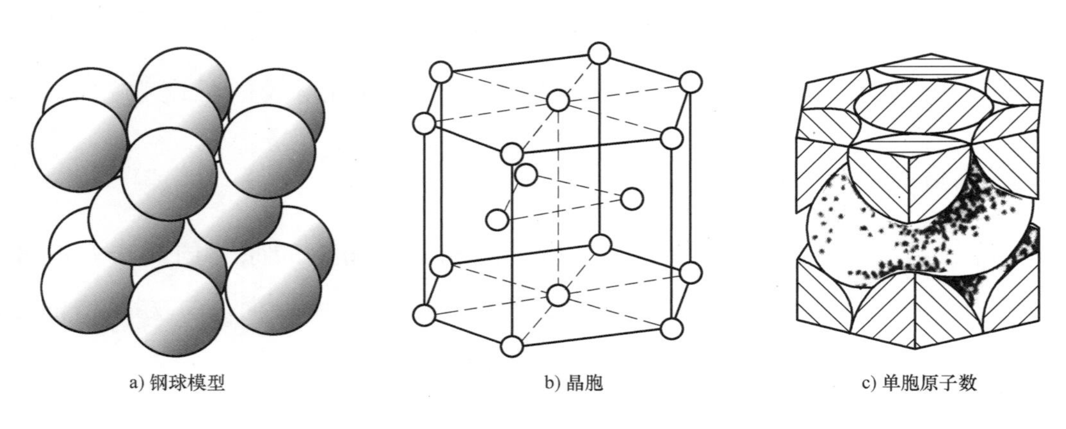

图 1-11　密排六方晶格

如图 1-11c 所示，密排六方晶格的晶胞每个顶角上的原子均属于六个晶胞共有，上、下底面中心的原子同时为两个晶胞共有，故每个晶胞的原子数都为 $12\times\frac{1}{6}+2\times\frac{1}{2}+3=6$。

密排六方晶格的晶格常数有两个：一个是正六边形的边长 a，另一个是上、下两底面之间的距离 c，c 与 a 之比 c/a 称为轴比。如图 1-12 所示，以晶胞上底面中心的原子为例，它不仅与周围六个角上的原子相接触，而且与其下面的三个位于晶胞之内的原子以及与其上面相邻晶胞内的三个原子相接触，故配位数为 12，此时的轴比 $\frac{c}{a}=\sqrt{\frac{8}{3}}=1.633$。此时，原子间的最近距离为 a，原子半径为 $\frac{a}{2}$，致密度为

$$K=\frac{nV_1}{V}=\frac{6\times\frac{4}{3}\pi r^3}{\frac{3\sqrt{3}}{2}a^2\sqrt{\frac{8}{3}}a}=\frac{6\times\frac{4}{3}\pi\left(\frac{a}{2}\right)^3}{3\sqrt{2}a^3}\approx 0.74$$

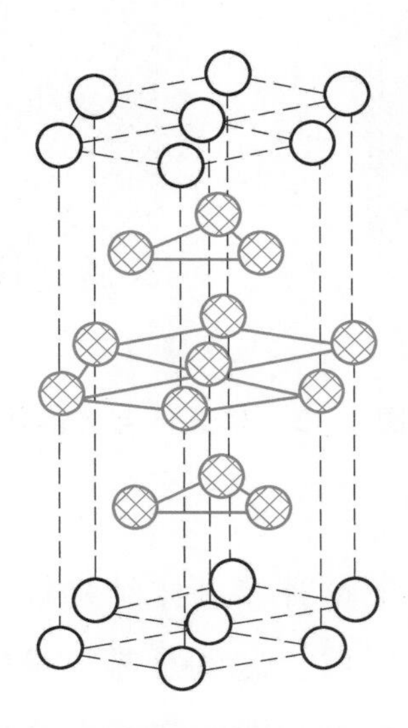

图 1-12　密排六方晶格的配位数

面心立方晶格与密排六方晶格的配位数和致密度相同，说明两者原子排列的紧密程度相同。

1.1.2　实际金属的晶体结构

1. 单晶体与多晶体

如果一整块金属仅包含一个晶粒，则称为单晶体。在单晶体中，所有晶胞均有相同的位向，如图 1-13a 所示，故单晶体具有各向异性。此外，它还有较高的强度、耐蚀性、导电性和其他特性。目前在半导体元件、磁性材料、高温合金材料等方面，单晶体材料已得到开发和应用。单晶体金属材料是今后金属材料的发展方向之一。

在工业生产中，实际的金属晶体都是由许多晶粒组成的，每个小晶体的晶格是一样的，而各小晶体之间彼此方位不同，这种晶体称为多晶体，如图 1-13b 所示。晶粒与晶粒之间的界面，称为晶界。由于晶界是两相邻晶粒不同晶格方位的过渡区，所以在晶界上原子排列总是不规则的。在多晶体金属中，一般情况下不显示各向异性，这是因为在多晶体中各个晶粒的位向紊乱，其各向异性显示不出来，结果使多晶体呈现各向同性，这种现象也称伪无向性。

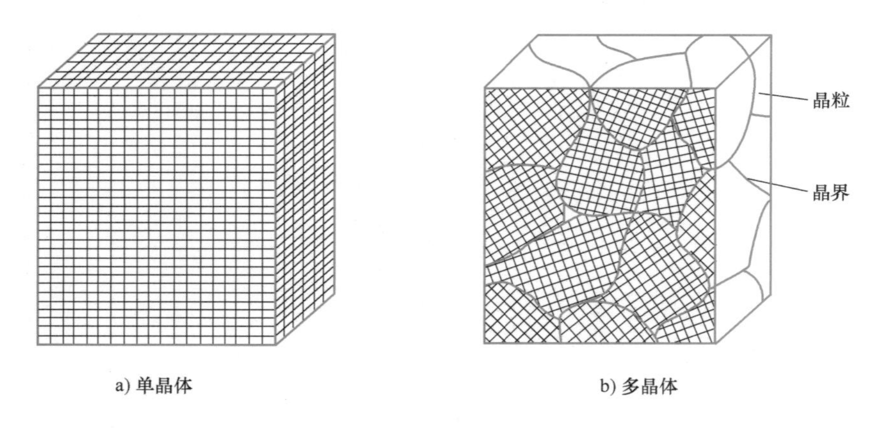

图 1-13　单晶体与多晶体

2. 实际金属的晶体缺陷

实际应用的金属晶体中除了具有多晶体结构以外，总是不可避免地存在着一些原子排列受到干扰和破坏的区域，这就是晶体缺陷。一般说来，金属晶体中这些偏离其规定位置的原子数目很少，即使在最严重的情况下，金属晶体位置偏离很大的原子数目至多占原子总数的千分之一，总体来看，其结构还是接近完整的。尽管如此，晶体缺陷的产生、发展、运动、合并与消失，对金属及其合金的性能，特别是那些对晶体结构较为敏感的性能，如强度、塑性、电阻等将产生重大的影响，并且还在扩散、相变、塑性变形和再结晶等过程中具有重要意义。

根据晶体缺陷的几何形状的特点，晶体缺陷可分为点缺陷、线缺陷和面缺陷。

（1）点缺陷　点缺陷是一种在三维空间各个方向上尺寸都很小，尺寸范围约为一个或几个原子间距的缺陷，包括空位、间隙原子、置换原子，如图 1-14 所示。点缺陷的形成主要是原子在各自平衡位置上不间断地做热运动的结果。

1）空位。空位是指未被原子所占据的晶格结点，如图 1-14 所示的 2、4、5 位置。在任何温度下，金属晶体中的原子都是以其平衡位置为中心，不间断地进行热振动。原子的振幅大小与温度有关，温度越高，振幅越大。在一定温度下，每个原子的振动能量并不完全相同，在某一瞬间，某些原子的能量可能高一些，其振幅就要大一些；而另一些原子的能量可能低一些，振幅就要小一些。对于一个原子来说，这一个瞬间能量可能高一些，下一个瞬间能量可能低一些，在某一温度下的某一瞬间，总有一些具有足够高能量的原子，以克服周围原子对它的约束，脱离原来的平衡位置迁移到别处，其结果即在原位置上出现了空结点，这就

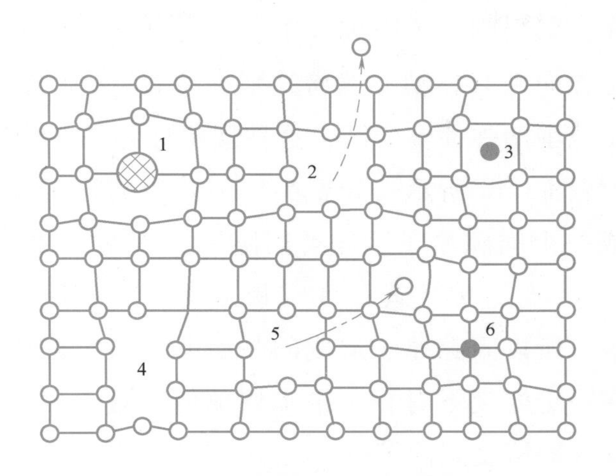

图 1-14　晶体中的各种点缺陷

1—大的置换原子　2—肖脱基空位　3—异类间隙原子
4—复合空位　5—弗兰克空位　6—小的置换原子

形成了空位。

空位是一种热平衡缺陷，即在一定温度下，空位有一定的平衡浓度。温度升高，原子的振动能量提高，则振幅增大，使脱离其平衡位置往别处迁移的原子数增多，空位浓度增大。温度降低，空位的浓度随之减小。但是，空位在晶体中的位置不是固定不变的，而是处于运动、消失和形成的不断变化之中，如图 1-15 所示。一方面，周围原子可以与空位换位，使空位移动一个原子间距，如果周围原子不断与空位换位，就造成空位的运动；另一方面，空位迁移至晶体表面或与间隙原子相遇而消失，但在其他地方又会有新的空位形成。

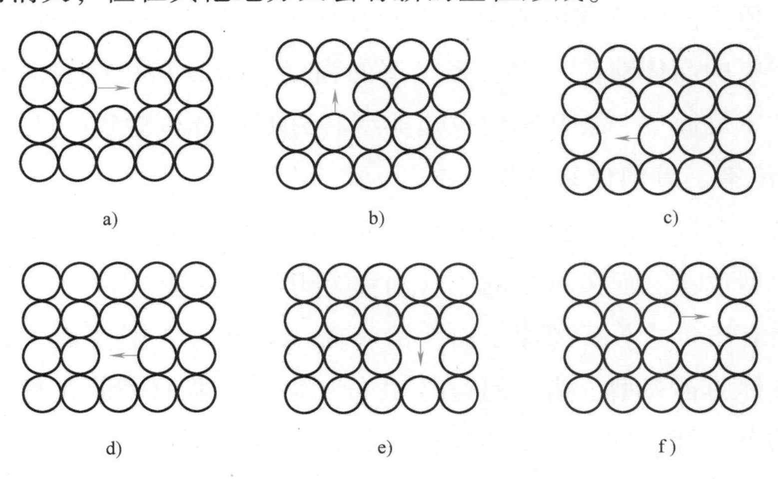

图 1-15　空位的移动

由于空位的存在，其周围原子因失去了一个近邻原子而失去相互间的平衡作用，所以它们朝空位方向稍有移动，偏离其平衡位置，这就在空位的周围出现一个涉及几个原子间距范围的弹性畸变区，这种现象称为晶格畸变。

2）间隙原子。如图 1-14 所示，处于晶格间隙中的原子为间隙原子。在形成空位的同时，也形成一个间隙原子。异类间隙原子大多是原子半径很小的原子，如钢中的 H（氢）、N（氮）、C（碳）、B（硼）等。尽管原子半径很小，但仍比晶格中的间隙大得多，所以间隙原子造成的晶格畸变较空位严重。间隙原子也是一种热平衡缺陷，在一定温度下有一个平衡浓度值，对于异类间隙原子来说，常将这一平衡浓度值称为固溶度或溶解度。

3）置换原子。如图 1-14 所示，占据在原来基体原子平衡位置上的异类原子，称为置换原子。由于置换原子的大小与基体原子不可能完全相同，所以其周围邻近原子也将偏离平衡位置，造成晶格畸变。置换原子在一定温度下也有一个平衡浓度值，一般称为固溶度或溶解度，它通常比间隙原子的固溶度要大得多。

综上所述，不管是哪类点缺陷，都会造成晶格畸变。晶格畸变使材料的强度、硬度和电阻率增加，以及力学、物理和化学性能的改变；此外，点缺陷的存在将会加速金属中的扩散过程，因而与扩散有关的相变、化学热处理、高温下的塑性变形和断裂等，都与空位和间隙原子的存在和运动有着密切的关系。

（2）线缺陷　线缺陷是指三维空间中有两个方向上尺寸较小，在另一个方向上尺寸相对较大的缺陷。常见的线缺陷是各种类型的位错。位错是晶体中某处有一列或若干列原子发生了有规律的错排现象，使长度达几百至几万个原子间距、宽度约为几个原子间距范围内的原子离开其平衡位置，发生有规律的错动。位错是一种极为重要的晶体缺陷，它对于金属的强度、断裂和塑性变形等起着决定性的作用。晶体中最简单、最基本的位错类型有刃型位错和螺型位错。

1）刃型位错。刃型位错如图 1-16 所示。假设有一个简单立方晶体，当某晶面上的某处多一个原子面，该原子面像刀刃一样切入晶体，这个多余原子面的边缘就是一个刃型位错。而刃口处的原子列称为刃型位错线。

刃型位错有正负之分，若原子面在滑移面（位错中断的晶面）的上半部，则此处的位错线称为正刃型位错，用符号“⊥”表示；若原子面在滑移面（位错中断的晶面）的下半部，则称为负刃型位错，用符号“⊤”表示。实际上，这种正负之分并无本质上的区别。

2）螺型位错。如图 1-17a 所示，假设在立方晶体右端施加一切应力，使右端

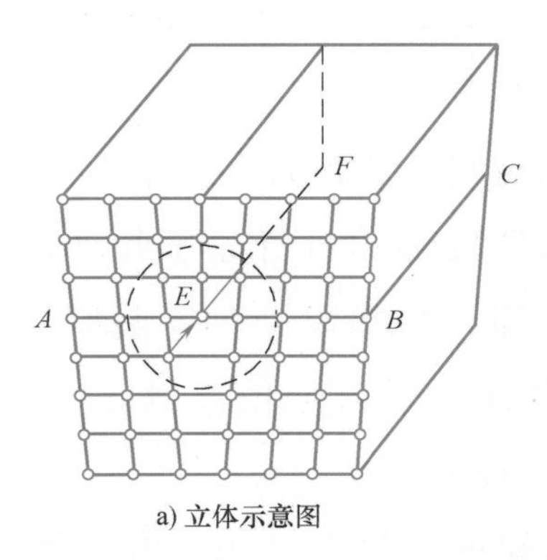

a) 立体示意图

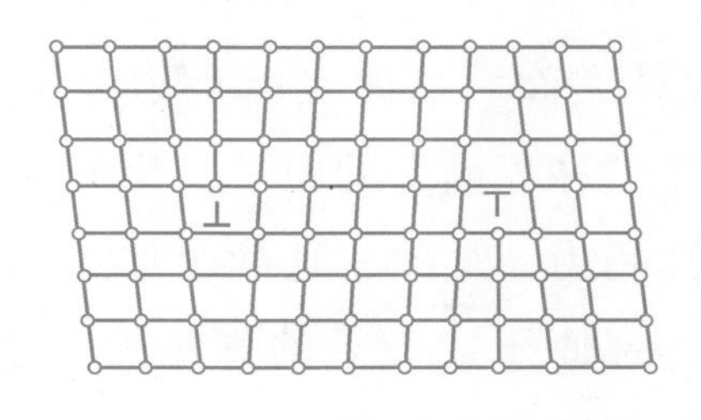

b) 垂直于位错线的原子平面

图 1-16　刃型位错示意图

上、下两部分沿滑移面 *ABCD* 发生了一个原子间距的相对切变，于是就出现了已滑移区和未滑移区的边界 *BC*，*BC* 就是螺型位错线。如图 1-17b 所示，在 aa'的右侧，晶体的上、下两部分相对错动了一个原子间距，但在 aa'和 *BC* 之间有上、下两层相邻原子发生了错排的现象，这一地带称为过渡地带，此过渡地带的原子被扭曲成了螺旋形。如图 1-17c 所示，如果从 *a* 开始，按顺时针方向依次连接此过渡地带的各原子，每旋转一周，原子面就沿滑移方向前进一个原子间距，犹如一个右旋螺纹。由于位错线附近的原子是螺旋形排列的，所以这种位错称为螺型位错。

根据位错线附近呈螺旋形排列的原子的旋转方向不同，螺型位错可分为左螺型位错和右螺型位错两种类型。通常用拇指代表螺旋的前进方向，而以其余四指代表螺旋的旋转方向，凡符合右手法则的称为右螺型位错，符合左手法则的称为左螺型位错。

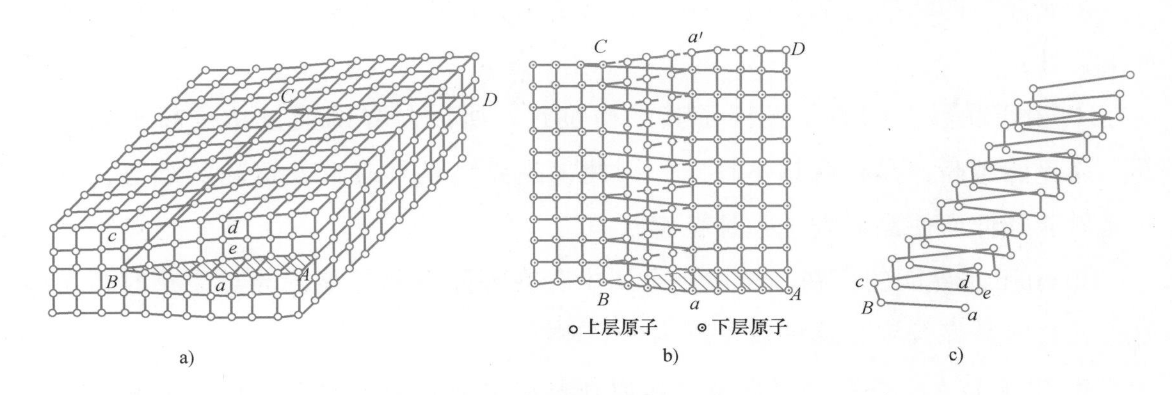

图 1-17　螺型位错示意图

(3) 面缺陷　面缺陷是指三维空间中在一个方向上尺寸很小，另外两个方向上尺寸很大的缺陷。晶体的面缺陷包括晶体的外表面（表面或自由界面）和内界面两大类，其中内界面包括晶界、亚晶界和相界。

1）晶体表面。晶体表面是指金属与真空或气体、液体等外部介质相接触的界面。处于这种界面上的原子，会同时受到晶体内部的自身原子和外部介质原子或分子的作用力。显然，这两个作用力不会平衡，内部原子对界面原子的作用力显著大于外部原子或分子的作用力。这样，表面原子就会偏离其正常平衡位置，并因而牵连邻近的几层原子，造成表面层的晶格畸变。

2）晶界。晶界是多晶体中晶粒与晶粒之间的过渡区。由于相邻两晶粒的晶格位向不同，使该过渡区内的原子排列不规整，偏离其平衡位置，产生晶格畸变，如图 1-18 所示。当相邻晶粒的位向差小于 10°时，称为小角度晶界；当相邻晶粒的位向差大于 10°时，称为大角度晶界。晶粒的位向差不同，其晶界的结构和性质也不同。研究表明，小角度晶界基本上由位错构成，大角度晶界的结构却十分复杂，目前尚不十分清楚，而多晶体金属材料中的晶界大都属于大角度晶界。

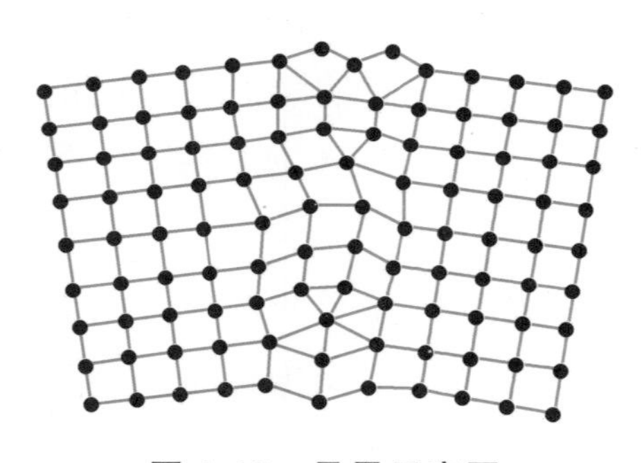

图 1-18　晶界示意图

由于晶界的结构与晶粒内部结构有所不同，所以晶界具有不同于晶粒内部的如下特性：

① 由于晶界上的原子偏离了其平衡位置，所以晶界的能量总是高于晶粒内部。晶界能越高，晶界就越不稳定。因此，晶界总是具有自发运动的趋势，试图使晶界能降低而使晶界处于一种稳定状态。

② 由于晶界能的存在，所以当金属中存在能降低晶界能的异类原子时，这些原子就会向晶界偏聚，这种现象称为内吸附。

③ 由于晶界上存在晶格畸变，所以在室温下对金属材料的塑性变形起着阻碍作用，宏观表现为使金属材料具有更高的强度和硬度。显然，晶粒越细，金属材料的强度和硬度就越高。因此，对于在较低温度下使用的金属材料，一般总是希

望得到较细的晶粒。

④ 由于晶界能的存在，所以使晶界的熔点低于晶粒内部，并且易于腐蚀和氧化。

⑤ 由于晶界上的空位、位错等缺陷较多，所以原子的扩散速度较快，在发生相变时，新相晶核往往首先在晶界形成。

3）亚晶界。在多晶体金属中，每个晶粒内的原子排列并不十分整齐，其中会出现位向差极小的（通常小于10°）亚结构，亚结构之间的界面称为亚晶界，如图1-19所示。亚结构和亚晶界分别泛指尺寸比晶粒更小的所有细微组织和这些细微组织的分界面。它们可以在凝固时形成，可以在形变时形成，也可以在回复再结晶时形成，还可以在固态相变时形成。

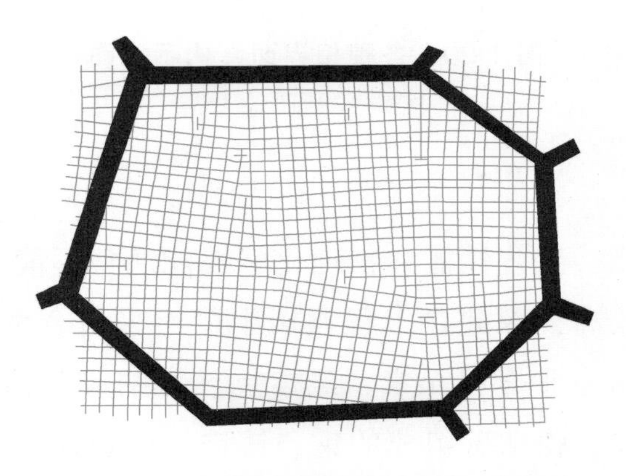

图1-19　金属晶粒内亚结构示意图

4）相界。具有不同晶体结构的两相之间的分界面，称为相界。相界的结构有三类：共格界面、半共格界面和非共格界面。共格界面是指界面上的原子同时位于两相晶格的结点上，为两种晶格共有。界面上原子的排列规律既符合这个相晶粒内的原子排列规律，又符合另一个相晶粒内原子排列的规律。图1-20a所示为一种具有完善共格关系的相界。在相界上，两相原子匹配得很好，几乎没有畸变，虽然这种相界的能量最低，但这种相界很少。一般来说，两相的晶体结构或多或少地存在差异，因此在共格界面上，两相晶体的原子间距存在着差异，也或多或少地存在着弹性畸变，即使相界一侧的晶体（原子间距大的）受到压应力，而另一侧（原子间距小的）受到拉应力，如图1-20b所示。界面两边原子排列相差越大，弹性畸变越大，这时相界的能量提高。当相界的畸变能高至不能维持共格关系时，共格关系破坏，变成一种非共格相界，如图1-20d所示。

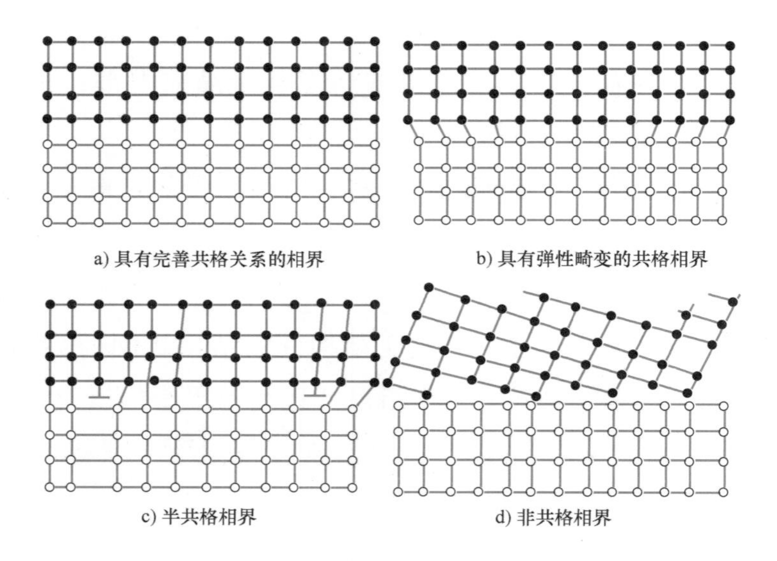

图 1-20　各种相界面结构示意图

1.1.3　固溶体

纯金属的力学性能、工艺性能和物理化学性能通常不能满足工程实际的要求，而且纯金属提炼成本较高，因此在工程领域中广泛采用合金。合金是指由两种或两种以上的金属或金属与非金属元素，经熔炼、烧结或其他方法制备而成的具有金属特性的物质。例如，铁和碳组成的钢、铸铁，铜和锌组成的黄铜等。

组成合金最基本的、最独立的物质称为组元。组元可以是纯元素，如金属元素 Fe、Al、Ti、Pb、Sn 等，以及非金属元素 C、N、O 等；组元也可以是稳定化合物，如 Al_2O_3、SiO_2、TiO_2 等。由两个组元组成的合金，称为二元合金，如 Fe-C、Pb-Sn、Cu-Ni 等二元合金系；由三个组元组成的合金，称为三元合金，如 Fe-C-Si、Fe-C-Cr、K_2O-Al_2O_3-SiO_2 等三元合金系，依此类推。合金中的组元之间由于相互的物理和化学作用，可形成各种相。相是指金属或合金中具有同一聚集状态和晶体结构，成分和性能均一，并以界面相互分开的均匀组成部分。相是合金中非常重要的概念，材料的性能与各组成相的性质、形态和相对含量直接相关。

不同的相具有不同的晶体结构，合金中的相结构种类繁多，但根据相的结构特点可以将其分为固溶体和中间相。金属在固态下也具有溶解某些元素的能力，形成成分和性质均匀的固态合金。以合金中某一组元为溶剂，其他组元为溶质，形成的与溶剂元素有相同晶体结构的固态合金相，称为固溶体。

根据固溶体的不同特点，可以将其分为不同类型。根据溶质元素在溶剂晶格中所占的位置特点，可以将固溶体分为置换固溶体和间隙固溶体。置换固溶体是指溶质原子占据溶剂晶格结点位置形成的固溶体，如图 1-21a 所示；间隙固溶体是指溶质原子占据溶剂晶格结点间隙位置形成的固溶体，如图 1-21b 所示。

根据溶质原子在溶剂中固溶度的大小，可以将固溶体分为无限固溶体和有限固溶体。无限固溶体是指溶质与溶剂能以任何比例互溶的固溶体，固溶度为100%；有限固溶体是指溶质原子在溶剂中有极限溶解度的固溶体。另外，根据溶质原子在固溶体中的排列分布的规律性，可以将固溶体分为有序固溶体和无序固溶体。

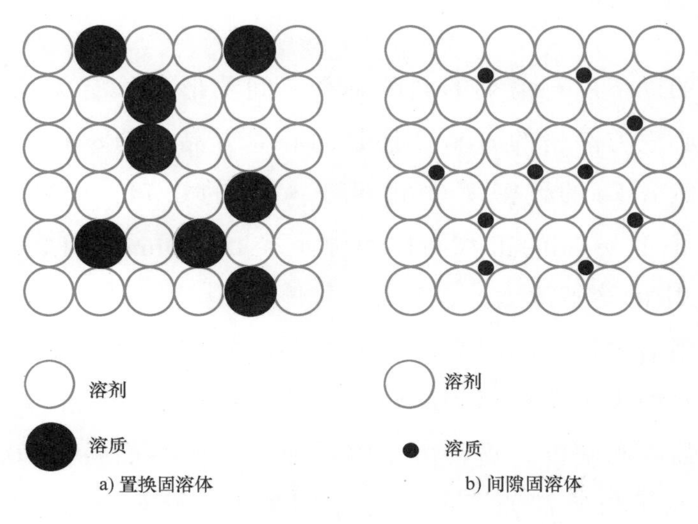

图 1-21　固溶体的两种类型

1. 置换固溶体

形成置换固溶体时，溶质原子置换出溶剂原子，占据溶剂晶格的结点位置。置换固溶体中，溶质与溶剂原子可以是有限固溶，也可以是无限固溶，这主要取决于溶质原子在溶剂晶格中的固溶度，而固溶度又取决于溶质和溶剂原子半径的差别以及在化学元素周期表中的位置。由于溶质原子溶入溶剂晶格后会引起点阵畸变，产生晶格畸变能，造成晶格的不稳定，所以两元素原子半径相差越小，在化学元素周期表中的位置越靠近，形成置换固溶体时导致的点阵畸变越小，两元素越容易形成置换固溶体。通常情况下，当溶质和溶剂原子半径相对差不超过15%时有利于大量固溶，而当相对差大于 30%时，则不容易形成置换固溶体。溶质和溶剂元素半径相差不大时，若晶格类型也相同，则元素间往往能以任何比例相互溶解而形成无限固溶体，如 Cu 与 Ni，Ag 与 Au 等。

此外，溶质原子的固溶度还与两元素的电负性和电子浓度有关。两元素间的电负性相差越小，溶质原子固溶度越大，越易形成固溶体。相反，两元素间电负性相差越大，化学亲合力越强，越容易生成稳定的金属化合物。

2. 间隙固溶体

一些原子半径较小的非金属元素，如 H、O、N、C 和 B 等，与过渡性金属元素形成固溶体时，往往处于溶剂晶格的间隙位置，形成间隙固溶体。这些非金属元素原子半径通常小于 0.1nm，与溶剂晶格间隙半径大小相当。但是，尽管溶质原子半径较小，当它们溶入溶剂晶格的间隙时，也会使晶格发生畸变，点阵常数增大，造成畸变能的增加。因此，当溶质的固溶度受到限制时，间隙固溶体都是有限固溶体。

间隙固溶体的固溶度与溶剂的间隙半径、间隙形状等有关。试验证明，碳原子不管是溶入体心立方晶格的 α-Fe，还是面心立方晶格的 γ-Fe，都是溶入晶格的八面体间隙。虽然 α-Fe 的致密度 0.68 低于 γ-Fe 的 0.74，但是 α-Fe 的八面体间隙半径 0.019nm 小于 γ-Fe 的正八面体间隙半径 0.053nm。因此，碳在 γ-Fe 中的溶解度比在 α-Fe 中的溶解度大。

不管是置换固溶体还是间隙固溶体，随着溶质原子的溶入，溶剂晶格都会发生畸变。晶格畸变增大了位错运动的阻力，使金属的滑移变形变得更加困难，从而提高了合金的强度和硬度。这种由于溶质原子的固溶而引起的强化现象，称为固溶强化。溶质原子与溶剂原子的尺寸差别越大，晶格畸变越大，强化效果也越好。

固溶强化是金属强化的一种重要形式。在溶质含量适当时，可显著提高金属材料的强度和硬度，而塑性和韧性没有明显降低。纯铜的抗拉强度 R_m 为 220MPa，硬度为 40HB，断面收缩率 Z 为 70%，当加入 1%镍形成单相固溶体后，抗拉强度升高到 390MPa，硬度升高到 70HB，而断面收缩率仍有 50%。

1.1.4 中间相

二元合金系中，两组元在形成有限固溶体时，如果溶质含量超过其溶解度，便会形成晶体结构不同于任一组元的新相，这种新相称为中间相。例如，铁碳合金中的渗碳体（Fe_3C）是由铁原子和碳原子形成的中间相，具有复杂的斜方晶体结构，既不同于铁的立方结构，也不同于石墨的六方结构。中间相的结合键以金属键为主，具有金属的性质，因此又称金属间化合物。中间相通常具有较高的熔点和硬度，可以用作增强相，以提高合金的强度、硬度和耐磨性。

中间相可以是稳定化合物，也可以是基于化合物的固溶体。按照结构特点的不同，中间相主要分为三类：正常价化合物、电子化合物和间隙化合物。

1. 正常价化合物

金属元素与IVA、VA和VIA族元素形成的化合物通常为正常价化合物。这类化合物的特征是两组元电负性相差较大，化合物严格遵守原子化合价规律，其成分可以用化学式来表示，如MgSe、Mg_2Sn、Mg_2Si和MnS等。正常价化合物是主要受电负性控制的一种中间相。两组元电负性差越大，形成的化合物越稳定，越趋向于离子键结合；电负性相差越小，化合物越不稳定，越趋向于金属键或共价键结合。正常价化合物通常具有较高的硬度和脆性，在基体中弥散分布时，起弥散强化合金的作用。

2. 电子化合物

电子化合物通常是由过渡性金属（Cu、Fe、Ni、Ag等）或IB族元素与IIIA、IVA、IIB族金属元素形成的，可以用化学式表示，但不遵循正常的化合价规律，成分可以在一定的范围内变化。这类化合物是电子浓度起主导作用形成的中间相，故称为电子化合物。合金中常见的电子化合物见表1-2。

决定电子化合物晶体结构的主要因素是电子浓度。电子浓度为3/2的电子化合物具有体心立方晶格结构，称为β相，如CuZn、Cu_3Al、NiAl、FeAl等；电子浓度为21/13的电子化合物具有复杂立方晶格结构，称为γ相，如Cu_5Zn_8、Cu_9Al_4、$Cu_{31}Si_8$等；电子浓度为7/4的电子化合物具有密排六方晶格结构，称为ε相，如$CuZn_3$、Cu_5Al_3等。

电子化合物主要以金属键结合为主，熔点高、硬度高、脆性大，是有色金属中重要的强化相。

表1-2　合金中常见的电子化合物

合金系	电子浓度		
	$\frac{3}{2}\left(\frac{21}{14}\right)$ β相	$\frac{21}{13}$ γ相	$\frac{7}{4}\left(\frac{21}{12}\right)$ ε相
	体心立方晶格	复杂立方晶格	密排六方晶格
Cu-Zn	CuZn	Cu_5Zn_8	$CuZn_3$
Cu-Sn	Cu_5Sn	Cu_3Sn_8	Cu_3Sn
Cu-Al	Cu_3Al	Cu_9Al_4	Cu_5Al_3
Cu-Si	Cu_5Si	$Cu_{31}Si_8$	Cu_3Si

3. 间隙化合物

间隙化合物通常由过渡性金属元素（Fe、Ti、V、Mo、W、Cr 等）和原子半径较小的非金属元素（C、N、H、B 等）形成，主要包括一些金属碳化物、氮化物和硼化物等。这类化合物的形成主要受两组元相对尺寸控制。当非金属元素和金属元素的半径比小于 0.59 时，化合物常常具有简单的立方或六方结构，也称为间隙相，如 TiC、VC、WC 等，如图 1-22a 所示。间隙相通常具有极高的熔点和硬度，是合金工具钢和硬质合金的主要强化相。常见的间隙相及其性质见表 1-3。当非金属元素和金属元素的半径比大于 0.59 时，化合物具有复杂的晶体结构，如 Fe_3C 等，如图 1-22b 所示。该类间隙化合物熔点及硬度均比间隙相低，是钢中常见的强化相。

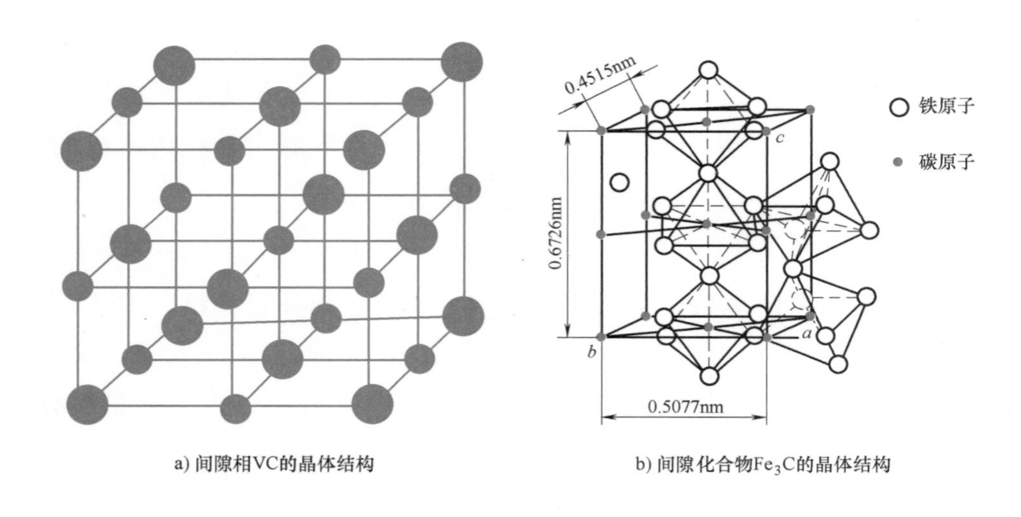

a) 间隙相VC的晶体结构　　b) 间隙化合物Fe_3C的晶体结构

图 1-22　间隙化合物的晶体结构

表 1-3　常见间隙相及其性质

相的名称	W_2C	WC	VC	TiC	Mo_2C	ZrC
熔点/℃	3130	2867	3023	3410	2960	3805
硬度/HV	3000	1730	2010	2850	1480	2840

1.1.5　相图的基本知识

与纯金属结晶不同，合金结晶后，既可以获得单相固溶体或中间相，又可以获得包含固溶体和中间相的多相组织，其过程比纯金属结晶复杂。研究合金材料的结晶过程，首先要了解合金中各组元间在凝固过程中不同的物理和化学作用，以及由这种作用而引起的系统状态的变化及相的转变。系统状态的变化及相的转变与材料中各组元的性质、质量分数、温度及压力等因素有关。物质在成分、温度和压力变化时，其状态可以发生改变。为了研究合金系的状态与合金成分、温度及压力之间的变化规律，就需要利用相图。

在热力学平衡条件下，描述系统状态或相的转变与成分、温度和压力之间关系的图解，便是相图，也称为平衡相图。利用相图，我们可以知道各种成分的合金在不同温度和压力下的相组成、各种相的成分、相的相对量。掌握和了解相图的基本知识和分析方法，对制订合金材料的加工工艺、分析材料的性能以及研究开发新材料等都有重要的指导作用。

根据组成合金的组元数，可以将相图分为二元相图、三元相图和多元相图。由二种组元组成的物质的相图，称为二元相图。本节主要介绍二元相图的一般知识，并结合几种典型二元相图讨论二元合金系凝固过程的基本规律。

1. 二元相图的表示方法

合金的状态通常由合金的成分、温度和压力三个因素确定。由于合金材料一般都是凝聚态的，压力因素对其影响极小，所以合金的状态可由合金的成分和温度两个因素确定。对于二元合金相图，一般用横坐标表示成分，纵坐标表示温度，如图 1-23 所示。一般情况下，成分用质量百分数表示。

相图中的线是成分与临界点之间的关系曲线，即相区界线。相图中任意一点称为表象点。表象点的坐标值反映给定合金的成分和温度。如图 1-23 中的 C 点表示温度为 500℃时，合金的成分 $\omega_A = 40\%$，$\omega_B = 60\%$。

2. 二元相图的建立

相图的建立方法有试验法和计算法两种。现有的合金相图大部分都是根据试验方法建立的。建立相图的关键是要准确测定不同成分合金的相变临界点，也就是相变的临界温度。然后将临界点标注在温度-成分平面坐标中，再将相同意义的临界点连成线，便形成了相图。坐标系中不同线将相图划分出不同区域，这些区域就是相区，在相区中标出各相的名称，相图的建立工作便已完成。

测定临界点的方法通常有热分析法、金相分析、X 射线结构分析、磁性法和电阻法等。合金结晶时冷却曲线上的转折比较明显，常用热分析法来测定合金的结晶温度。下面以 Cu-Ni 合金为例，介绍热分析法绘制二元相图的过程。

首先配制不同成分的 Cu-Ni 合金，测出各合金的冷却曲线，确定临界温度点。

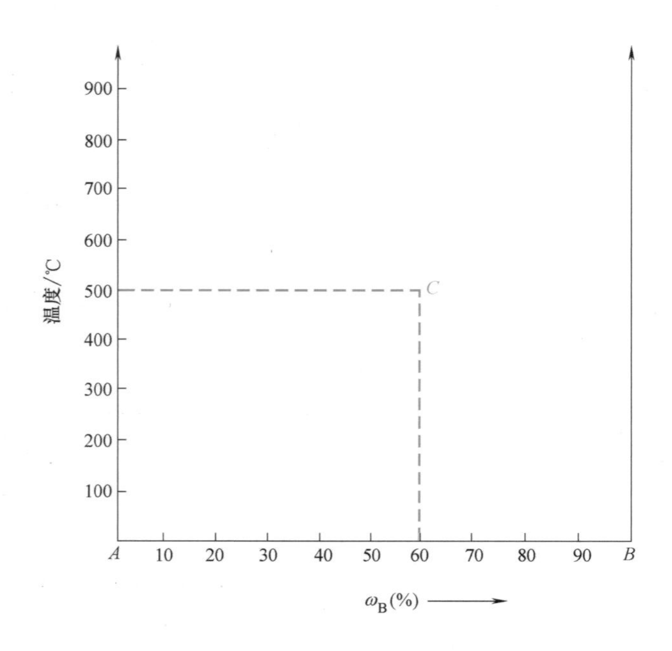

图 1-23　二元合金相图的坐标

图 1-24a 分别给出 Ni 的质量分数为 0%（纯 Cu）、20%、40%、60%、80% 和 100%（纯 Ni）的 Cu-Ni 合金冷却曲线。纯 Cu 和纯 Ni 的冷却曲线都有一水平阶段，表示其结晶的临界点，即熔点。其他成分的 Cu-Ni 合金冷却曲线均有两个临界点，温度较高的临界点代表结晶开始的温度，温度较低的临界点代表结晶终了的温度。

然后将不同成分 Cu-Ni 合金冷却曲线上的临界点标注在温度-成分坐标图中，分别将具有相同意义的临界点连接起来，便得到图 1-24b 所示的 Cu-Ni 合金相图。配制的合金越多，最后得到的相图越精确。其中，温度较高的临界点的连线称为液相线，表示 Cu-Ni 合金结晶的开始温度或加热熔化的结束温度；温度较低的临界点的连线称为固相线，表示 Cu-Ni 合金结晶的结束温度或加热熔化的开始温度。液相线将 Cu-Ni 合金相图分为三个相区：液相线以上，合金处于液相单相区，常用 L 表示；固相线以下，合金处于固相单相区，常用 α 表示；在液相区和固相区之间，合金处于结晶过程，该区域属于液相和固相两相共存区，用 L+α 表示。

3. 相律

相律是表示平衡条件下，系统的自由度数、组元数和平衡相数之间的关系。相律的数学表达式为

$$F = C - P + 2 \tag{1-1}$$

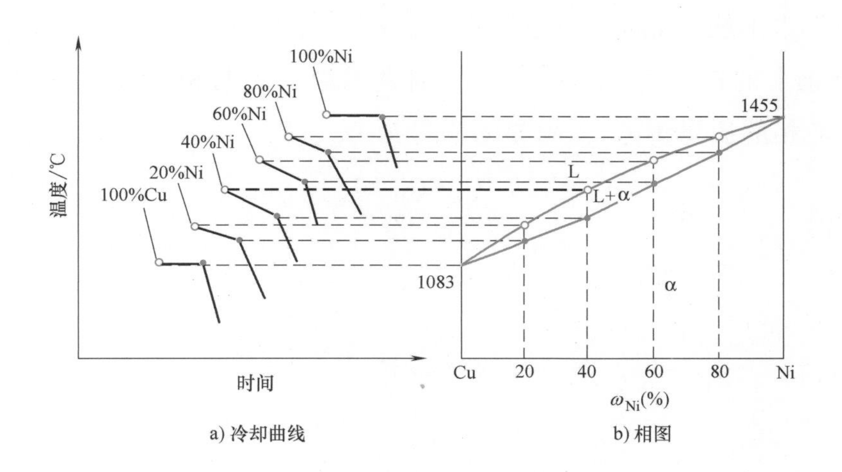

图 1-24　用热分析法建立 Cu-Ni 合金二元相图

式中　F——平衡系统的自由度数；

C——平衡系统的组元数；

P——平衡系统的相数。

自由度是指在不改变系统平衡相数目的条件下，可以独立改变的、不影响合金状态的因素的数目，这些因素包括温度、压力、平衡相成分等。合金通常为凝聚态，压力的影响可以忽略不计，因此相律通常写为

$$F=C-P+1 \tag{1-2}$$

利用相律可以解释纯金属与二元合金结晶时的一些差别。例如，纯金属 $C=1$，纯金属结晶时存在液、固两相，$P=2$，其自由度 $F=1-2+1=0$，说明纯金属结晶只能在恒温下进行；二元合金 $C=2$，在两相平衡条件下 $P=2$，其自由度 $F=2-2+1=1$，说明温度和成分中只能有一个因素可变，此时，一定成分的二元合金将在一定温度范围内结晶。如果二元合金结晶过程中出现三相平衡时，即 $P=3$，则其自由度 $F=2-3+1=0$，说明该过程只能在恒温下进行，并且三个相的成分也恒定不变。

4. 杠杆定律

在合金的结晶过程中，合金中各相的成分及相对含量都在不断地发生变化。二元合金在两相共存时，两个相的成分可由通过表相点的水平线（即温度线）与相界线的交点确定，而两个相的相对含量或重量比则需要应用杠杆定律求出。下面以 Cu-Ni 合金为例进行说明。

如图 1-25 所示，Ni 含量为 $X\%$ 的合金 Ⅰ，在温度为 t 时处于两相平衡状态。过温度 t 做一水平线段 aob，分别与液相线和固相线交于 a 点和 b 点，a 点和 b 点在成分坐标轴上的投影为 X_L 和 X_α，分别表示液、固两相的成分。假设合金的总重量为 1，液相的质量为 Q_L，固相的质量为 Q_α，则

$$Q_L+Q_\alpha=1 \tag{1-3}$$

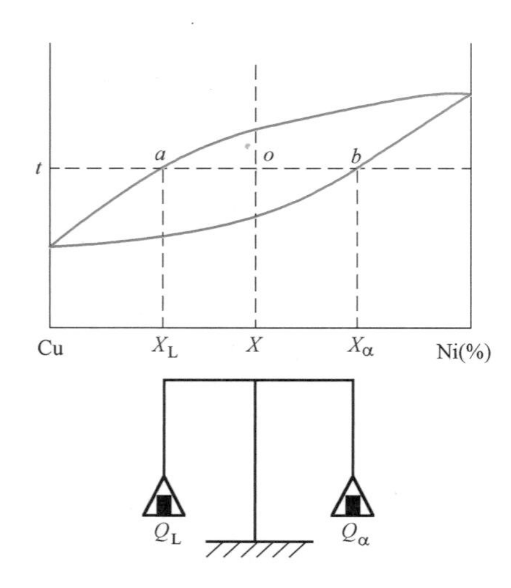

图 1-25 杠杆定律的证明

此外，合金 Ⅰ 中 Ni 含量等于液相和固相中 Ni 含量之和，即

$$Q_L X_L+Q_\alpha X_\alpha=X \tag{1-4}$$

由式（1-3）和式（1-4）可得

$$\frac{Q_L}{Q_\alpha}=\frac{X_\alpha-X}{X-X_L}=\frac{ob}{oa} \tag{1-5}$$

如果将合金 Ⅰ 成分 $X\%$ 的 o 点看作杠杆支点，将 Q_L 和 Q_α 看作作用于 a 点和 b 点的力，则式（1-5）同杠杆原理表达式相似，因此将上式称为杠杆定律。

式（1-5）也可写成下列形式：

$$Q_L=\frac{ob}{ab}\times100\%$$

$$Q_\alpha=\frac{oa}{ab}\times100\% \tag{1-6}$$

通过式（1-6）可以直接求出两相的相对含量。需要注意的是，杠杆定律只适用于二元相图。

1.1.6 二元相图

二元相图种类很多，有些相图也比较复杂，但二元相图都是以一种或几种基本类型的简单相图组成的。本节主要介绍匀晶相图、共晶相图和包晶相图三种典型的基本相图。

1. 匀晶相图

两组元在液态和固态时均可以无限互溶的二元合金系所形成的相图，称为匀晶相图。具有这类相图的二元合金系有Cu-Ni、Fe-Ni、Au-Ag、Cr-Mo、Si-Be等。这类二元合金在结晶过程中要发生匀晶转变，即由液相中直接析出单相固溶体。大多数合金的相图都包含匀晶转变。

匀晶转变可用下式表示：

$$L \rightarrow \alpha \tag{1-7}$$

（1）相图分析 Cu-Ni二元合金相图是典型的匀晶相图，如图1-26a所示。该相图有两条曲线，上面的曲线为液相线，下面的曲线为固相线。固、液相线将相图划分为三个相区，液相线以上为单相液相区（用L表示），固相线以下为单相固相区（用α表示），固、液相线之间为两相共存区（用L+α表示）。

（2）Cu-Ni合金的平衡结晶过程 平衡结晶是合金在极其缓慢的冷却条件下进行的结晶过程。平衡结晶得到的组织为平衡组织。现以Ni的质量分数为50%的Cu-Ni合金为例分析其结晶过程。

从图1-26a可以看出，当温度高于t_1时，合金为液相L。

当合金缓慢冷却至t_1温度时，开始从液相L析出α固溶体。此时，液相的成分为L_1，固相的成分为α_1，相平衡关系为$L_1 \rightarrow \alpha_1$。根据杠杆定律，当温度为t_1时，α_1含量为0，说明结晶刚刚开始。

随着温度的不断降低，液相中不断结晶出α固溶体，α固溶体的成分沿着固相线变化，而液相的成分沿着液相线变化。

当温度冷却到t_2时，固相的成分变为α_2，液相的成分变为L_2，相平衡关系为$L_2 \rightarrow \alpha_2$，两相的相对含量可由杠杆定律求出。

当温度冷却到t_3时，液相全部转化为固相，得到与原液相成分（L_1）相同的单相α固溶体，结晶结束。

图1-26b所示为Cu-Ni合金平衡结晶时的组织变化示意图。

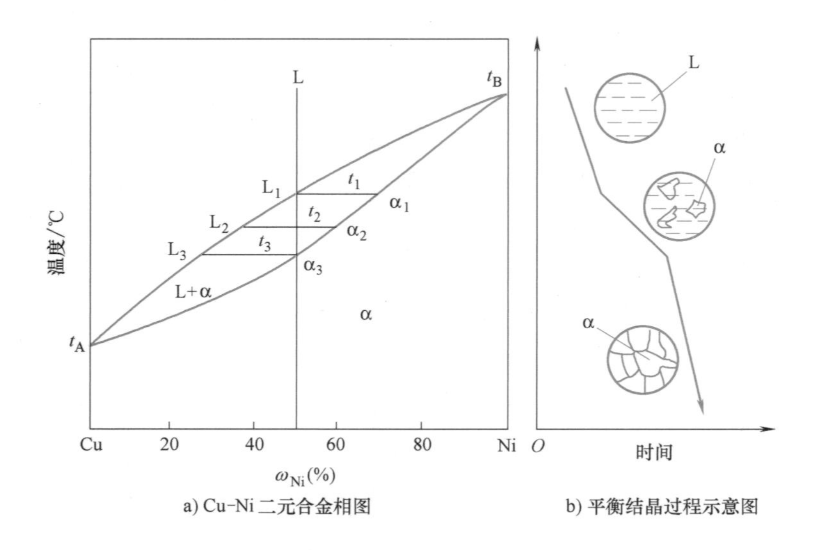

图 1-26　Cu-Ni 二元合金相图及其平衡结晶过程示意图

（3）固溶体合金平衡结晶的特点

1）异分结晶。固溶体结晶时，液相中结晶出的固相成分与液相成分不同，这种结晶出的晶相与母相成分不同的结晶，称为异分结晶。而纯金属结晶时，结晶出固相与液相成分完全一样，称为同分结晶。同纯金属一样，固溶体的结晶也是一个形核和长大的过程。但固溶体在形核时，除了需要结构起伏和能量起伏外，由于异分结晶的原因，还需要成分起伏。固溶体在结晶时，溶质原子要在液相和固相之间重新分配，原子的重新分配程度用平衡分配系数 k_0 表示。平衡分配系数 k_0 是指在一定温度下固液两平衡相中的溶质浓度之比，即

$$k_0 = C_\alpha / C_L \tag{1-8}$$

式中　C_α——固相的平衡溶质浓度；

C_L——液相的平衡溶质浓度。

假定液相线和固相线为直线，则 k_0 为常数，如图 1-27 所示。当液相线和固相线随着溶质浓度的增加而降低时，$k_0<1$，如图 1-27a 所示；反之，$k_0>1$，如图 1-27b 所示。

2）结晶需要一定的温度范围。固溶体合金的结晶需要在一定的温度范围内进行，在结晶的某一温度，只能结晶出一定数量的固相。随着温度的降低，固相和液相的成分分别沿着固相线和液相线改变，固相的数量不断增加，直到成分与原合金的成分相同时，结晶完成。因此，固溶体合金在结晶时，始终进行溶质和溶剂原子的扩散，其中包括液相和固相内部原子的扩散以及固相与液相通过界面进行的原子

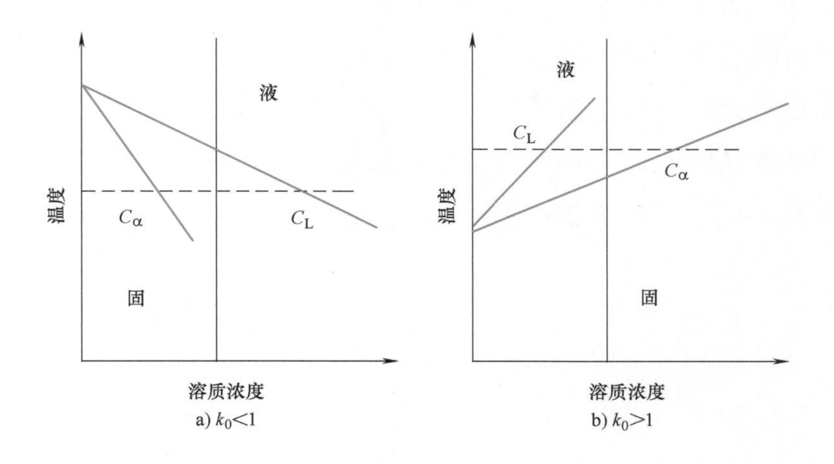

图 1-27　分配系数

相互扩散，这就需要足够长的时间，才得以保证平衡结晶过程的正常进行。

固溶体合金的结晶为异分结晶，在结晶时溶质和溶剂原子需要重新分配，这需要原子的扩散来完成。如图 1-28 所示，成分为 C_0 的合金在温度为 t_1 时开始结晶，此时形成成分为 k_0C_1（$k_0=C_\alpha/C_L$）的固相。由于原液相的成分为 C_0，所以新形成固相中多余的溶质原子将通过固液界面向液相排出，使界面处液相的成分达到 t_1 时的平衡成分 C_1，但远离固液界面处的液相成分仍然为 C_0。因此，在液相中靠近固液界面的区域便形成了浓度梯度（图 1-29a），这必然会引起液相中溶质和溶剂原子的相互扩散，溶质原子向远离界面的液相内扩散，而远处液相内的溶剂原子向界面处扩散，结果使界面处的溶质原子浓度由 C_1 降至 C_0'，如图 1-29b 所示。但是，在 t_1 温度下，只能存在 $L_{C_1}\leftrightarrow\alpha_{k_0C_1}$ 的相平衡，界面处成分的偏离将

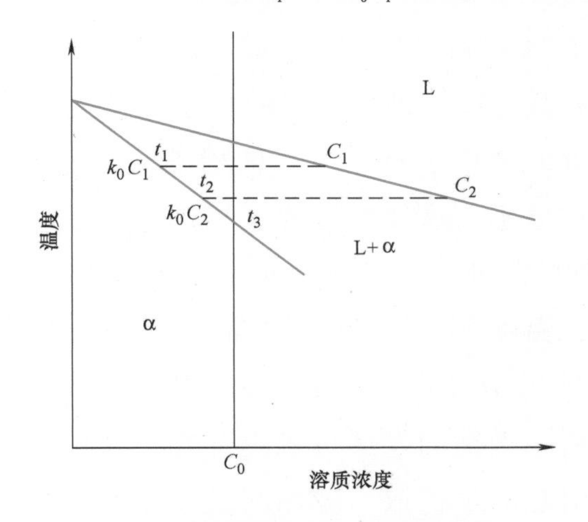

图 1-28　固溶体合金的平衡结晶

破坏这一平衡。为了维持这种相平衡，固相需要排出溶质原子使界面处的液相浓度恢复至平衡成分 C_1，结果使界面向液相推移，即晶体长大，如图 1-29c 所示。液固界面处相平衡关系的重新建立，在液相中又形成了浓度梯度，必须又引起原子的扩散，导致晶体的进一步长大，如此反复，直到液相的成分全部变为 C_1，固相的成分变为 k_0C_1，如图 1-29d 所示。

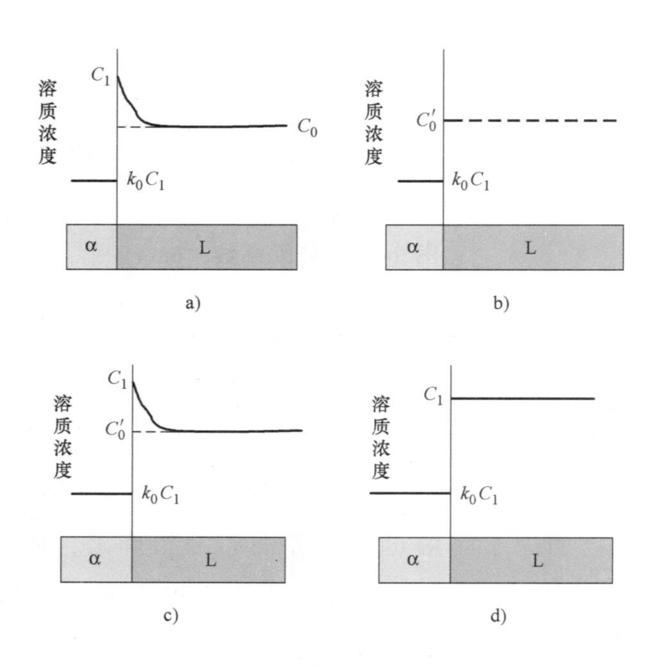

图 1-29　固溶体合金在温度为 t_1 时的结晶过程

当温度达到 t_2 时，新形核的固相成分为 k_0C_2，在固液界面处建立了 $L_{C_2} \leftrightarrow \alpha_{k_0C_2}$ 的相平衡，而远离界面的液相成分仍为 C_1，同时在温度为 t_1 时形成的固相成分为 k_0C_1。因此，在固相和液相内均形成了浓度梯度（图 1-30a），导致在固相和液相内都存在原子扩散，使固液界面处的相平衡发生了破坏。为了维持 t_2 温度下的相平衡，使界面处的液相成分为 C_2，固相成分为 k_0C_2，固相需要进一步的长大，以排出多余的溶质原子。这样的过程反复进行，直到液相和固相的成分完全变为 C_2 和 k_0C_2，这时扩散停止，如图 1-30b、c 所示。

随着结晶的进行，温度进一步降低，当温度达到 t_3 时，固溶体的成分与合金的成分（C_0）一致，成为均匀的单相固溶体，结晶结束。综上所述，固溶体的结晶过程是平衡→不平衡→平衡的发展过程。首先，固相晶核的形成造成液相或固相内出现浓度梯度，引起原子扩散，破坏固液界面处的相平衡；然后，固液界面不断推移，即固相晶体长大，界面重新达到平衡。这种过程反复进行，最终完成

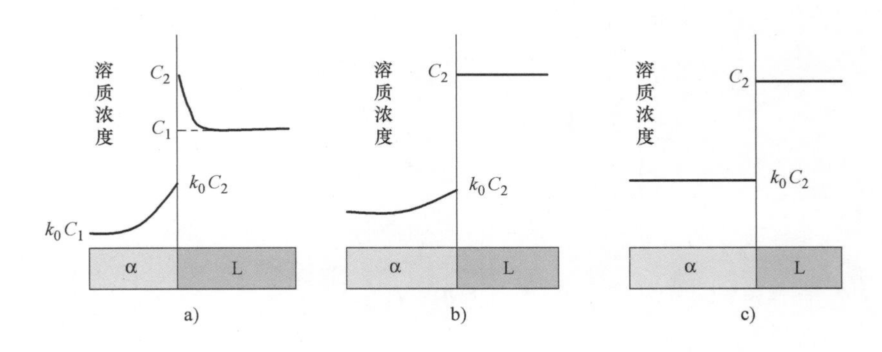

图 1-30　固溶体合金在温度为 t_2 时的结晶过程

结晶。

（4）固溶体的不平衡结晶　由 Cu-Ni 合金的结晶过程可知，固溶体的结晶过程与液相和固相内的原子扩散过程密切相关，只有在缓慢冷却的条件下，才能实现平衡结晶，使原子完全扩散。合金在实际冷却过程中，结晶往往在数小时甚至更短的时间内完成，原子来不及充分扩散，无法达到平衡结晶的条件。因此，实际生产中的合金结晶是在偏离平衡条件下进行的，这种结晶过程称为不平衡结晶。

如图 1-31 所示，成分为 C_0 的合金过冷至 t_1 温度时开始结晶，首先析出成分为 α_1 的固相，液相的成分为 L_1；当温度下降至 t_2 时，析出的固相成分为 α_2，依附在 α_1 的周围生长。若是平衡结晶，通过原子的充分扩散，晶体内部由成分 α_2 变为 α_1。但由于冷却速度快，固相内部原子来不及扩散，晶体内部成分变得不均匀。此时，已结晶固相的成分为 α_1 和 α_2 的平均成分 α'_2。在液相中，由于原子能够充分扩散，液相的成分时刻均匀，成分沿液相线由 L_1 变为 L_2。当温度继续下降至 t_3 时，结晶出的固相成分为 α_2，同样由于固相内无扩散，整个固相的实际成分为 α_1、α_2 和 α_3 的均匀值 α'_3，液相的成分沿液相线变为 L_3。此时若为平衡结晶的话，温度已相当于结晶完毕的固相线温度，全部液相应结晶完毕，已结晶的固相成分应为合金成分 C_0。但是由于为不平衡结晶，已结晶固相的平均成分不是 α_3，而是 α'_3，与合金的成分 C_0 不同，仍有一部分液相尚未结晶，一直要到温度为 t_4 时才能结晶完毕。此时，固相的平均成分 α'_3 又变为 α'_4，与合金原始成分 C_0 一致。

若把温度为 t_1、t_2、t_3、t_4 时的固相平均成分点 α_1、α'_2、α'_3、α'_4 连接起来，便得到图 1-31 中虚线所示的固相平均成分线。需要注意的是，固相线的位置与冷却速度无关，而固相平均成分线与冷却速度有关，冷却速度越大，固相平均成分

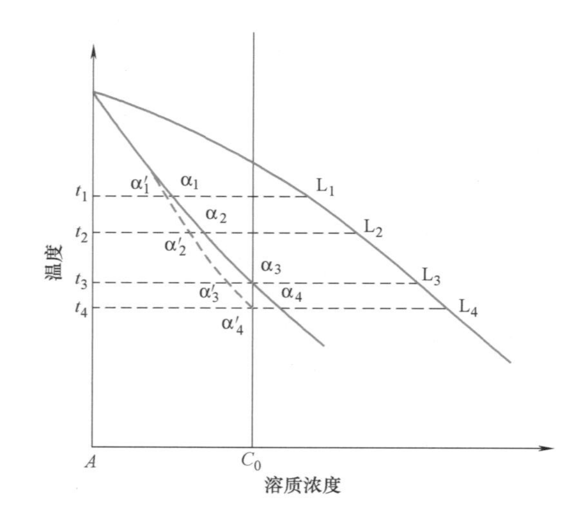

图 1-31 匀晶合金的不平衡结晶

线偏离固相线的程度越大。

图 1-32 所示为 Cu-Ni 合金不平衡结晶时的组织变化示意图。合金的不平衡结晶导致先后从液相中结晶出的固相成分不同，再加上冷却速度较快，原子扩散不均匀，使每个晶粒内部的化学成分不均匀。由图 1-31 分析可知，先结晶的部分高熔点组元含量较高，后结晶的部分低熔点组元含量较多，即在晶粒内部存在着浓度差别。这种在晶粒内部化学成分不均匀的现象，称为晶内偏析。由于固溶体合金结晶通常呈树枝状，使枝干和枝间的化学成分不均匀，所以又称枝晶偏析。

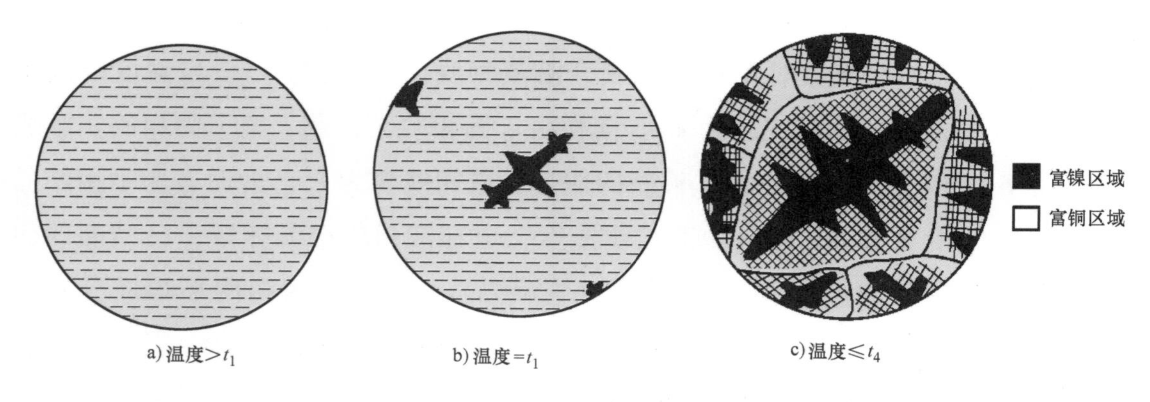

图 1-32 Cu-Ni 合金不平衡结晶时的组织变化示意图

（5）区域偏析　对于铸锭和铸件来说，固溶体合金在不平衡结晶时还会产生大范围内的化学成分不均匀的现象，即区域偏析。如图 1-33 所示，假定成分为 C_0 且 $k_0<1$ 的液态合金在圆棒内自左向右逐渐凝固，固液界面保持平面，界面始终处

于局部平衡状态。当合金在 t_1 温度开始结晶时，结晶出的固相成分为 k_0C_1，液相成分为 C_1，晶体长度为 x_1。当温度降至 t_2 时，析出的固相成分为 k_0C_2，晶体长大至 x_2 的位置。由于液相中原子能够充分扩散，所以晶体长大时向液相中排出的溶质原子使液相成分均匀地沿液相线由 C_1 变为 C_2。当温度降至 t_3 时，晶体由 x_2 长大至 x_3，此时晶体的成分为 C_0，晶体长大时所排出的溶质原子使液相成分变为 C_0/k_0。由于固相内无原子扩散，所以先后结晶的固相成分依次为 $k_0C_2 \rightarrow k_0C_2 \rightarrow C_0$。尽管界面处的固相成分已达到 C_0，但已结晶的固相成分的平均值仍然低于合金成分。在此后的结晶过程中，液相中的溶质原子越来越多，结晶出来的固相成分也越来越高，最后结晶的固相成分往往比原合金成分高许多倍，这便是区域偏析。

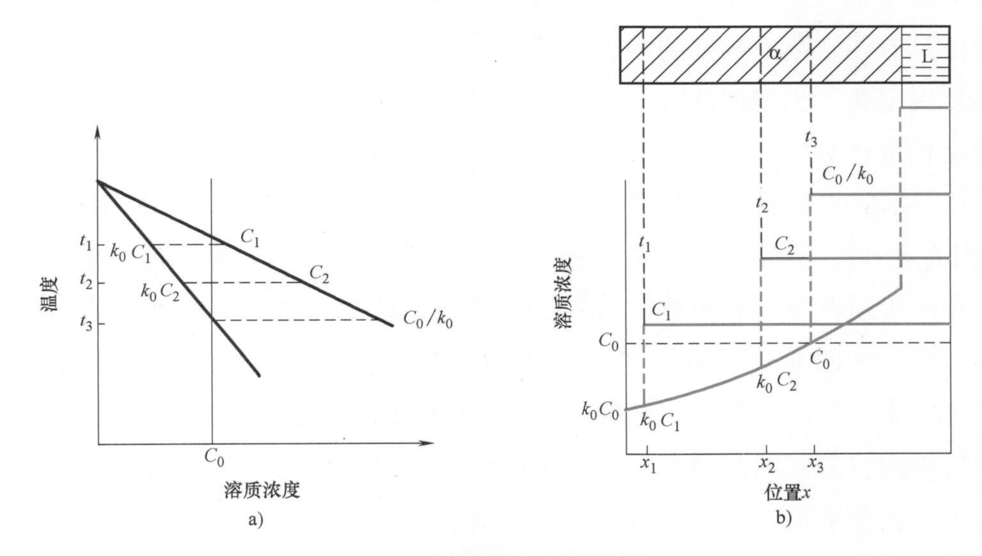

图 1-33　区域偏析的形成

区域偏析对合金的性能有很大影响，应当避免。但可以根据区域偏析的原理来提纯金属，即区域提纯。区域提纯时，将金属材料制成细棒，不将金属棒全部熔化，而是分小段进行熔化，使金属棒从一端向另一端按顺序地进行局部熔化。由于固溶体中含杂质部分比纯质的熔点略低，较难凝固，所以先结晶的晶体将杂质排入熔化部分的液体中。当金属棒按顺序凝固一遍后，圆棒中的杂质便富集于最后凝固的一端。将杂质富集的末端切去，再按顺序熔化、凝固，金属的纯度便可不断提高。对于 $k_0=0.1$ 的结晶，只需进行五次区域熔炼，便可使金属棒前半部分的杂质含量降低至原来的万分之一。区域提纯目前已广泛应用于金属及半导体材料的提纯。

（6）成分过冷　液态金属的结晶需要在一定的过冷条件下才能进行。对于纯金属，由于结晶过程中熔点始终不变，固-液界面前沿的过冷度取决于熔体中实际温度的分布，这种过冷称之为热过冷。在液态合金的结晶过程中，即使溶液的实际温度分布一定，由于合金熔体的固液界面前沿中存在溶质分布的变化，导致合金的熔点发生变化，此时的过冷是由成分变化和实际温度分布两个因素来决定，这种过冷称为成分过冷。

如图 1-34a 所示，假设成分为 C_0 的固溶体合金定向凝固，在液体中只有扩散而无对流或搅拌，则液相线和固相线均为直线，分配系数 $k_0<1$。假设液态合金中的温度梯度为正值，则其实际温度分布曲线如图 1-34b 所示。当成分为 C_0 的液态合金温度降至 t_0 时，结晶出的固相成分为 k_0C_0，由于液相只有扩散而无对流或搅拌，所以随着温度的降低，在晶体长大的同时，不断排出的溶质便在固液界面处堆积，形成具有一定浓度梯度的溶质边界层，界面处的液相和固相成分分别沿着液相线和固相线变化。当温度达到 t_2 时，固相的成分为 C_0，液相的成分为 C_0/k_0，界面处的浓度梯度达到了稳定态，而远离界面处的液体成分仍为合金成分 C_0，如图 1-34c 所示。合金的平衡结晶温度随着合金成分的不同而变化（由相图的液相线决定），当 $k_0<1$ 时，合金的平衡结晶温度随着溶质浓度的增加而降低。由图 1-34c 可知，液相中溶质浓度随着距离 x 的增加而减小，其平衡结晶温度也将随着距离 x 的增加而上升，如图 1-34d 所示。将实际温度分布曲线（图 1-34b）和平衡结晶温度曲线（图 1-34d）叠加起来便得到图 1-34e 所示曲线，很明显，在固-液界面前沿一定范围内的液相，其实际结晶温度低于平衡结晶温度，出现了一个过冷区域。这个过冷度是由于界面前沿液相中溶质成分的差别引起的，所以称为成分过冷。

如图 1-34e 所示，成分过冷的临界条件是液体的实际温度梯度与界面处的平衡结晶曲线恰好相切。如果实际温度梯度进一步增大，便不会出现成分过冷。形成成分过冷的条件应为

$$\frac{G}{R} \leqslant \frac{mC_0}{D}\frac{1-k_0}{k_0} \tag{1-9}$$

式中　G——液固界面前沿液相中的实际温度；

R——晶体长大速度；

m——相图中液相线的斜率；

D——液相中溶质的扩散系数；

k_0——分配系数。

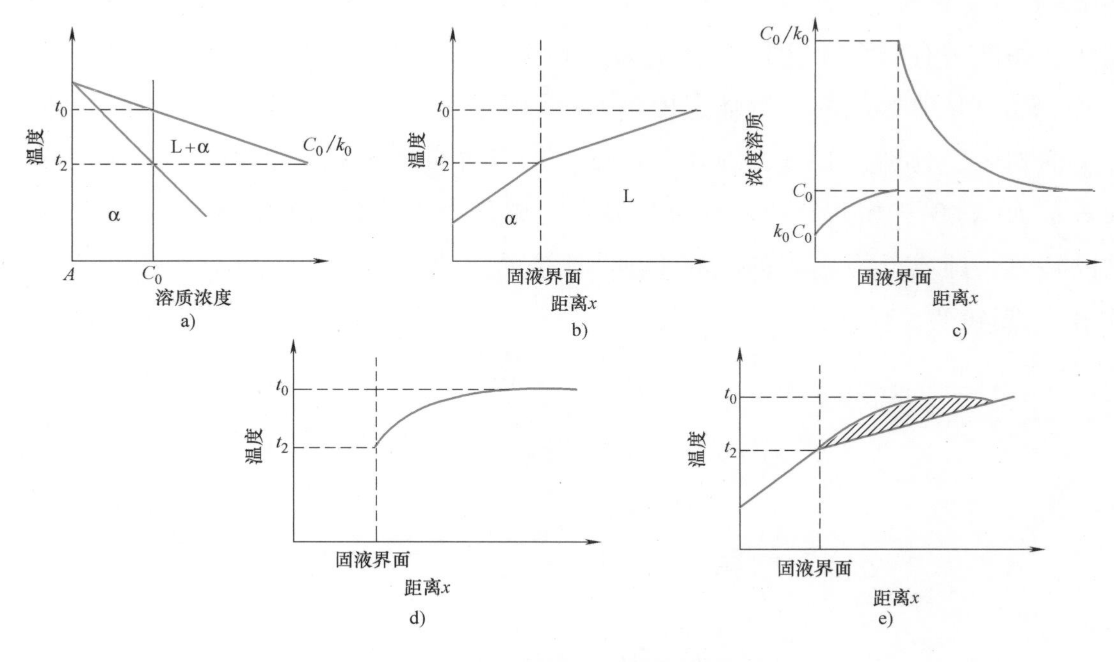

图 1-34　成分过冷示意图

在式（1-9）中，左边为边界条件，右边是合金本身的参数。因此，合金的液相线（m）越陡，合金溶质浓度（C_0）越大，液相中溶质的扩散系数（D）越小，$k_0<1$ 时，k_0 越小，或 $k_0>1$ 时，k_0 越大，则成分过冷倾向越大；液相中实际温度分布（G）越平缓，凝固速度（R）越快，成分过冷倾向越大。

由纯金属的结晶可知，纯金属在正温度梯度下结晶，只能以平面方式生长。在合金结晶过程中由于成分过冷，液固界面前沿存在一个过冷区域，根据成分过冷区的大小不同，即使在正温度梯度下，合金也可以生成平面晶、树枝晶甚至等轴晶等组织。大量试验结果表明，随着成分过冷的增大，固溶体晶体的生长形态由平面状向胞状、树枝状发展，其间还存在着过渡形态，如介于平面状与胞状之间的平面胞状组织，介于胞状与树枝状之间的胞状树枝晶。

2. 共晶相图

两组元在液态时无限互溶，在固态时有限互溶，并且发生共晶转变形成共晶组织的相图，称为二元共晶相图。具有这类相图的合金系包括 Pb-Sn、Pb-Sb、Cu-Ag、Al-Si 等。下面以 Pb-Sn 合金为例，分析二元共晶相图及平衡结晶过程。

（1）相图分析

如图 1-35 所示 A、B 两点分别是纯 Pb 和纯 Sn 的熔点，AEB 为液相线，

AMENB 为固相线，*MF* 为 Sn 在 Pb 中的固溶度曲线，*NG* 为 Pb 在 Sn 中的固溶度曲线。相图中有三个单相区，分别为液相 L、α 固溶体和 β 固溶体。其中，α 为 Sn 溶解在 Pb 中形成的固溶体，β 为 Pb 溶解在 Sn 中形成的固溶体。单相之间有三个两相区，分别为 L+α、L+β 和 α+β。三个两相区的接触线 *MEN* 为共晶线，此线表示 L+α+β 三相共存。*E* 点为共晶点，成分为 *E* 点的液相在 *MEN* 温度时发生共晶转变，即成分为 *E* 点的液相 L_E 同时结晶出成分为 *M* 点的 α_M 和成分为 *N* 点的 β_N，其转变反应式为

$$L_E \rightarrow \alpha_M + \beta_N \tag{1-10}$$

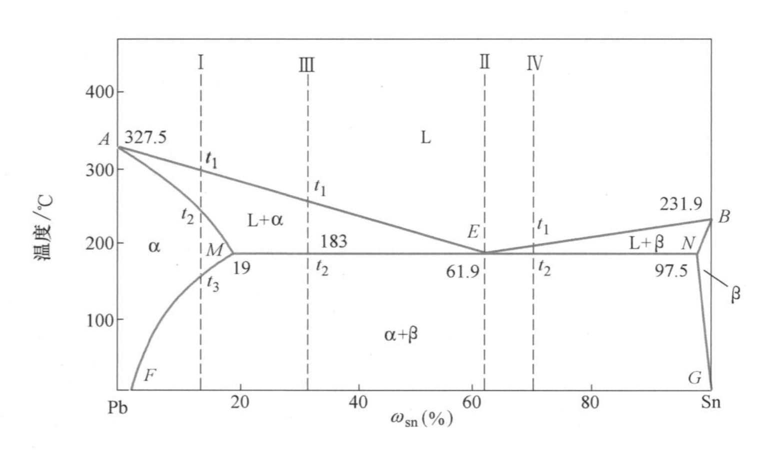

图 1-35 Pb-Sn 合金二元共晶相图

共晶转变的产物为两个固相的机械混合物，称为共晶组织，也称为共晶体。成分对应于共晶点（*E* 点）的合金称为共晶合金；成分位于共晶点 *E* 点以左、*M* 点以右的合金，称为亚共晶合金；成分位于共晶点 *E* 点以右、*N* 点以左的合金，称为过共晶合金。不管是亚共晶合金还是过共晶合金，当到达水平固相线 *MEN* 所对应的温度时都要发生共晶反应。

由相律可知共晶反应时三相平衡，即 $P=3$，则自由度 $F=2-3+1=0$，因此这一转变必然在恒温下进行。

（2）Pn-Sn 合金的平衡结晶

1）Sn 的质量分数小于 19%的合金（合金 Ⅰ）。现以 Sn 的质量分数为 15%的合金 Ⅰ 为例进行分析。当合金 Ⅰ 缓慢冷却至 t_1 时，发生匀晶反应，液相 L 中开始结晶出 α 相。当温度在 $t_1 \sim t_2$ 之间时，随着温度的降低，α 相含量不断增多，L 相含量不断减少，两相成分分别沿着 *AM* 相线和 *AE* 相线变化。当合金 Ⅰ 冷却到 t_2 时，液相全部转变成 α 固溶体。当温度在 $t_2 \sim t_3$ 之间时，单相 α 固溶体成分不发

生变化。当温度下降到 t_3 以下时，由于 Sn 在 Pb 中的溶解度下降，Sn 在 α 相呈过饱和状态，过剩的 Sn 便以 β 固溶体的形式析出。这种从一种固相中析出另一个固相的过程，称为脱溶过程，也称为二次结晶。二次结晶析出的相称为二次相或次生相。因此，从 α 相中析出的二次 β 相通常以 β_{II} 表示，以区别从液相中直接析出的 β 固溶体。当温度在 t_3 和室温之间时，随着温度的降低，Sn 在 α 相中的固溶度也不断降低，因此二次结晶过程将不断进行，α 相和 β 相的成分分别沿着 *MF* 相线和 *NG* 相线变化。图 1-36 所示为 Sn 的质量分数为 15%的 Pb-Sn 合金的冷却曲线及平衡结晶过程示意图。

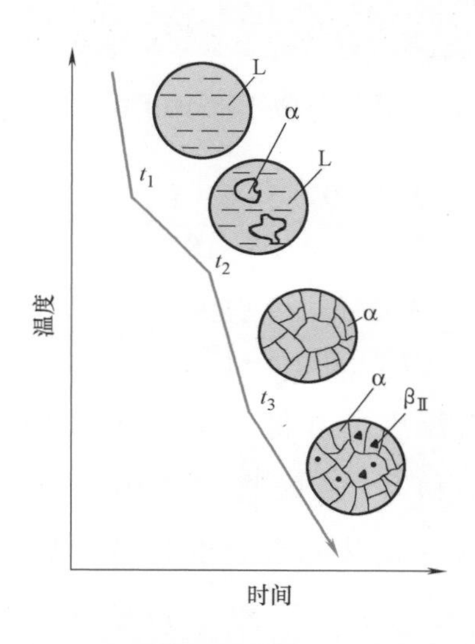

图 1-36　Sn 的质量分数为 15%的 Pb-Sn 合金的冷却曲线及平衡结晶过程示意图

室温下合金Ⅰ的组织为 $\alpha+\beta_{\mathrm{II}}$，$\beta_{\mathrm{II}}$ 常分布在 α 相的晶界上或在 α 晶粒内部析出。图 1-37 所示为合金Ⅰ的显微组织照片。黑色基体为 α，白色颗粒为 β_{II}。所有成分位于 *FM* 相线之间的合金结晶过程均与合金Ⅰ类似，室温下组织均为 $\alpha+\beta_{\mathrm{II}}$，只不过两相的相对含量不同，Sn 的含量越高，$\beta_{\mathrm{II}}$ 的相对含量越多。

Sn 的质量分数大于 97.5%的合金结晶过程与合金Ⅰ也相似，只是室温下组织为初生 β 相和次生 α_{II}。

2）共晶合金（Sn 的质量分数为 61.9%的 Pb-Sn 合金，合金Ⅱ）。Sn 的质量分数为 61.9%的 Pb-Sn 合金缓冷至 t_E 温度时，发生共晶反应 $L_E \rightarrow \alpha_M+\beta_N$。这时得到的组织为共晶组织，即 α 和 β 组成的机械混合物。根据杠杆定律，α 和 β 的相对含量分别为

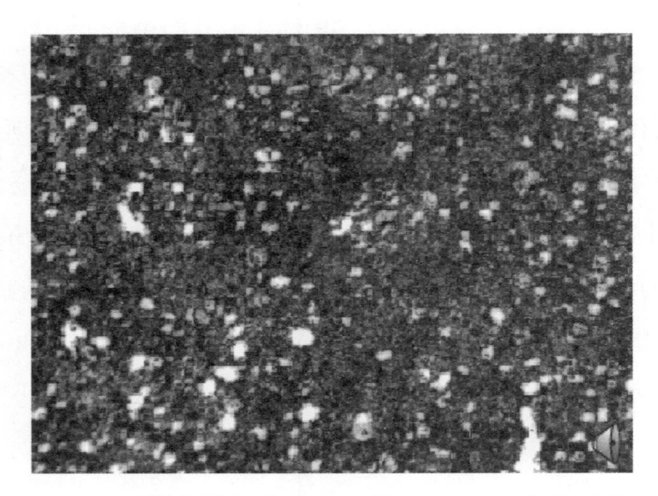

图 1-37　Sn 的质量分数为 15%的 Pb-Sn 合金的显微组织

$$w_{\alpha}=\frac{EN}{MN}=\frac{97.5-61.9}{97.5-19}\times100\%\approx45.4\%$$

$$w_{\beta}=\frac{EN}{MN}=\frac{61.9-19}{97.5-19}\times100\%\approx54.6\%$$

从 t_E 温度到室温，随着温度的降低，α 相和 β 相的成分分别沿着 MF 相线和 NG 相线变化，同时析出 β_{II} 和 α_{II}，这些二次相常与共晶组织中的初生相混在一起，难以分辨。图 1-38 所示为其共晶合金的显微组织，其中黑色部分为 α 相，白色的为 β 相，α 和 β 呈片层交替分布。图 1-39 所示为其共晶合金的平衡结晶过程示意图。

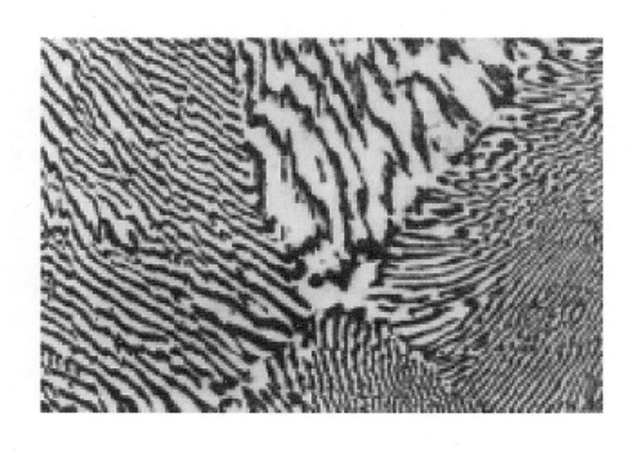

图 1-38　Pb-Sn 共晶合金的显微组织

3）亚共晶合金（Sn 的质量分数为 19%～61.9%的 Pb-Sn 合金，合金Ⅲ）。

下面以 Sn 的质量分数为 30%的合金Ⅲ为例，分析亚共晶合金的平衡结晶

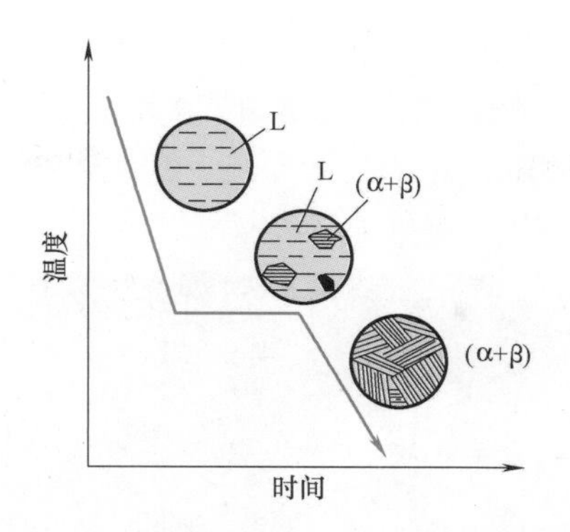

图 1-39　Pb-Sn 共晶合金平衡结晶过程示意图

过程。

当合金Ⅲ冷却至 t_1 时，液相 L 中开始结晶初生 α 相。当温度在 $t_1 \sim t_2$ 之间时，发生匀晶转变，液相 L 和 α 相的成分分别沿着 *AM* 相线和 *AE* 相线变化，其结晶过程同合金Ⅰ相同。

当温度降至 t_2 时，液相 L 和 α 相的成分分别达到 *E* 点和 *M* 点。此时，液相将发生共晶反应 $L_E \rightarrow \alpha_M + \beta_N$，直到液相全部形成共晶组织。共晶反应刚刚结束之后，亚共晶合金的组织由初生 α 相和共晶组织（α+β）组成。其中，初生 α 相和（α+β）能够用显微镜清楚区分，是组成显微组织的独立部分，称为组织组成物。但此时的相由 α 相和 β 相组成。组织组成物和相的相对含量均可由杠杆定律求出，其中共晶组织的含量就是刚发生共晶反应时液相的含量。

两组织组成物的相对含量分别为

$$w_{\alpha} = \frac{E2}{ME} = \frac{61.9-30}{61.9-19} \times 100\% \approx 74.4\%$$

$$w_{(\alpha+\beta)} = w_{L} = \frac{M2}{ME} = \frac{30-19}{61.9-19} \times 100\% \approx 25.6\%$$

两相的相对含量分别为

$$w_{\alpha} = \frac{N2}{MN} = \frac{97.5-30}{97.5-19} \times 100\% \approx 86\%$$

$$w_{\beta} = \frac{M2}{MN} = \frac{30-19}{97.5-19} \times 100\% \approx 14\%$$

在温度降至 t_2 以下时，α 相（包括初生 α 相和共晶组织中的 α 相）和 β 相中将分别析出二次相 α_{II} 和 β_{II}。共晶组织中析出的二次相一般难以分辨，只有从初生 α 相中析出的 β_{II} 可以观察到，因此室温下亚共晶合金（合金Ⅲ）的组织为 α+

β_{II}+（α+β）。图 1-40 所示为其亚共晶合金的显微组织，其中暗黑色部分为初生 α 相，α 相中白色颗粒为 β_{II}，黑白相间分布的为共晶组织（α+β）。图 1-41 所示为其亚共晶合金的平衡结晶过程示意图。

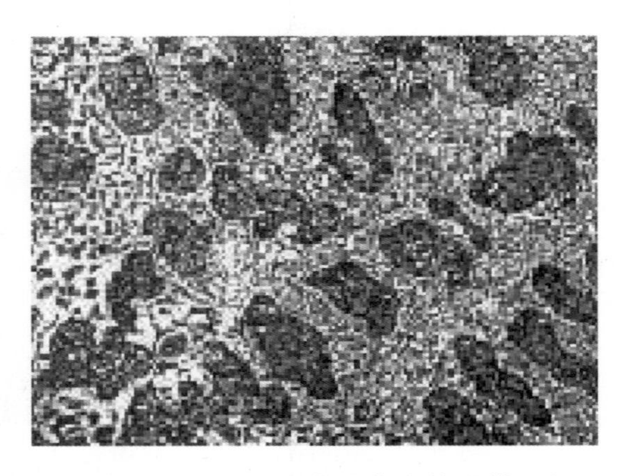

图 1-40　Pb-Sn 亚共晶合金的显微组织

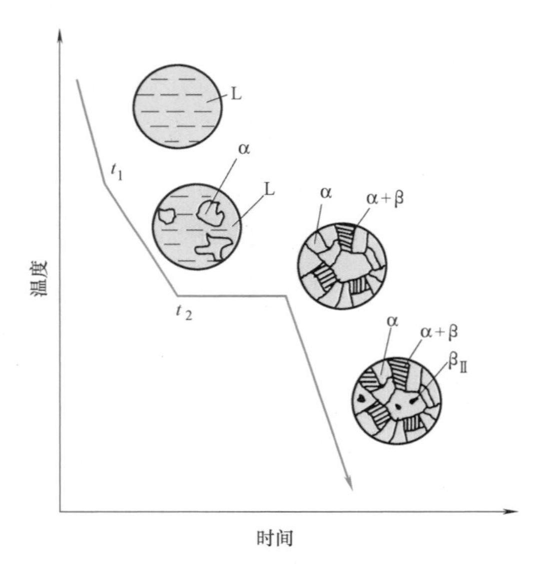

图 1-41　Pb-Sn 亚共晶合金平衡结晶过程示意图

4）过共晶合金（Sn 的质量分数为 61.9%～97.5%的 Pb-Sn 合金，合金Ⅳ）。过共晶合金的平衡结晶过程与亚共晶合金相似，有所不同的是当温度达到 t_1 时，液相中首先结晶出初生 β 相。当温度降至 t_2 时，液相将发生共晶反应 $L_E \rightarrow \alpha_M + \beta_N$，刚发生完共晶反应后合金组织为 β+（α+β）。当温度降至 t_2 以下时，初生 β 相中会析出 α_{II}，室温下 Pb-Sn 合金显微组织为 β+α_{II}+（α+β）。图 1-42 所示为 Sn 的质量分数为 70%的 Pb-Sn 过共晶合金的显微组织，其中白色部分为初生 β

相，β 相中黑色颗粒为 α_{II}，其余黑白相间部分为共晶组织（α+β）。图 1-43 为其过共晶合金的平衡结晶过程示意图。

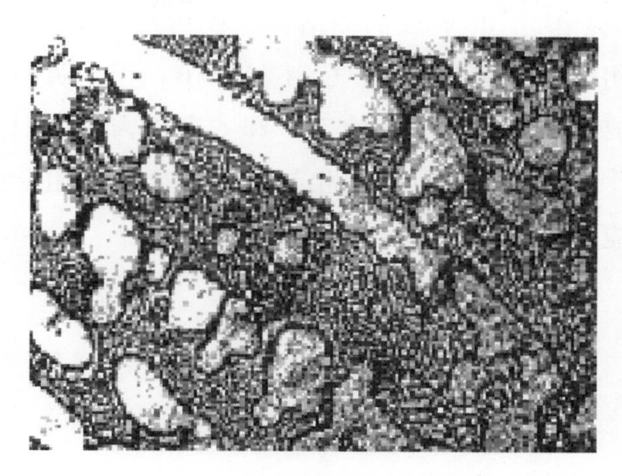

图 1-42　Pb-Sn 过共晶合金的显微组织

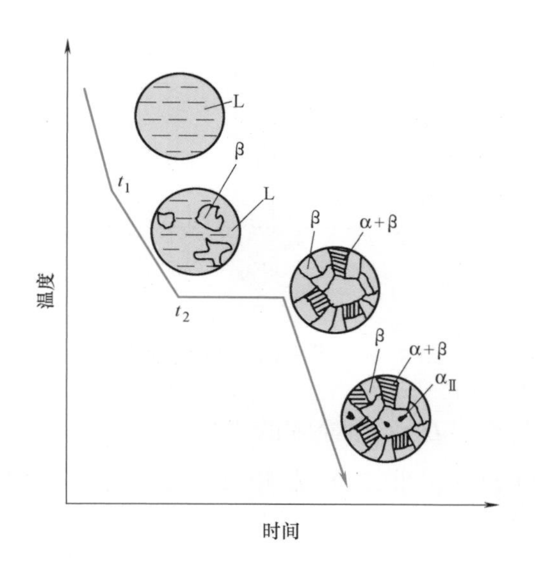

图 1-43　Pb-Sn 过共晶合金平衡结晶过程示意图

3. 包晶相图

两组元在液态无限溶解，在固态有限溶解，发生包晶转变的二元合金相图，称为包晶相图。具有包晶相图的合金系包括 Pt-Ag、Cu-Zn、Cu-Sn 等。下面以 Pt-Ag 合金为例，分析二元包晶相图及平衡结晶过程。

（1）相图分析　Pt-Ag 合金相图为典型的包晶相图，如图 1-44 所示，*A*、*B* 两点分别是纯 Pt 和纯 Ag 的熔点，*ACB* 为液相线，*APDB* 为固相线，*PE* 和 *DF* 分别为 Ag 溶于 Pt 和 Pt 溶于 Ag 的固溶线。相图有三个单相区，分别为液相 L、固相 α 相和 β 相，α 相为 Ag 溶于 Pt 形成的固溶体，β 相是 Pt 溶于 Ag 形成的固溶体。相图同时有三个两相区，分别为 L+α、L+β 和 α+β。三个两相区接触线为三相共存线 *PDC*，即包晶转变线。所有成分位于 *P* 和 *C* 范围内的 Pt-Ag 合金在 *PDC* 温度都将发生包晶反应，即由一定成分的固相与一定成分的液相形成另一个一定成分的固相的反应，反应表达式为

$$L_C+\alpha_P \rightarrow \beta_D \tag{1-11}$$

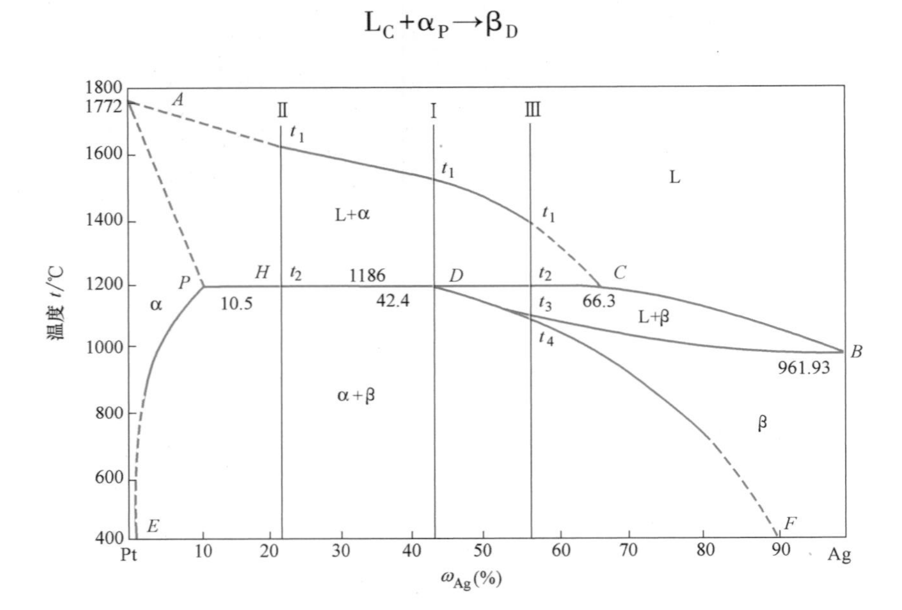

图 1-44　Pt-Ag 二元合金相图

相图中 *D* 点为包晶点，*D* 点所对应的温度（t_D）称为包晶温度；*P* 点和 *C* 点分别为包晶反应时固相 α 和液相 L 的成分点，α 和 L 的相对含量可以用杠杆定律求出。

（2）Pt-Ag 合金的平衡结晶

1）包晶合金（Ag 的质量分数为 42.4% 的 Pt-Ag 合金，合金 Ⅰ）。如图 1-44 可知，当合金 Ⅰ 的温度缓慢降至 t_1 点时，开始从液相中结晶出 α 相。当温度 t_1～t_2 之间时，随着温度的降低，α 相含量不断增多，L 相含量不断减少，两相成分分别沿着 *AP* 相线和 *AC* 相线变化。当温度降至 t_D 时，合金中 α 相的成分达到 *P* 点，液相 L 的成分达到 *C* 点，根据杠杆定律，L 和 α 的相对含量分别为

$$w_L=\frac{PD}{PC}=\frac{42.4-10.5}{66.3-10.5}\times 100\% \approx 57.17\%$$

$$w_{\alpha}=\frac{DC}{PC}=\frac{66.3-42.4}{66.3-10.5}\times 100\%\approx 42.83\%$$

当温度为 t_D 时，发生包晶反应 $L_C+\alpha_P \rightarrow \beta_D$，液相和 α 相消失，全部转变为 β 相固溶体。当合金继续冷却时，Pt 在 β 相中的固溶度不断降低，β 相的成分沿着 *DF* 相线变化，将不断地从 β 相中析出次生相 α_{II}，合金的室温组织为 $\beta+\alpha_{II}$。图 1-45 所示为其包晶合金的平衡结晶过程示意图。

包晶转变是液相 L 和固相 α 发生作用而生成新相 β 的过程，这种作用首先发生在 L 和 α 的相界面上，因此 β 相通常依附在 α 相上形核并长大，将 α 相包围起来，β 相成为 α 相的外壳，称为包晶转变。

2）亚包晶合金（Ag 的质量分数为 10.5%～42.4%的 Pt-Ag 合金，合金Ⅱ）。由图 1-44 可知，当合金Ⅱ的温度缓慢降至 t_1 时，开始结晶出初晶 α，随着温度的降低，液相 L 的数量不断减少，初晶 α 的数量不断增多，两相成分分别沿着 *AP* 相线和 *AC* 相线变化。当温度降至 t_2 时，发生包晶反应 $L_C+\alpha_P \rightarrow \beta_D$，由杠杆定律可知，与合金Ⅰ相比较，合金Ⅱ经包晶转变后 α 相有剩余，因此包晶转变结束后，除了新形成的 β 相外，还有剩余的 α 相。

当合金继续冷却时，β 相和 α 相的固溶度不断降低，将不断地从 β 相中析出次生相 α_{II}，从 α 相中析出次生相 β_{II}，合金的室温组织为 $\alpha+\beta+\alpha_{II}+\beta_{II}$。图 1-46 所示为其亚包晶合金的平衡结晶过程示意图。

3）过包晶合金（Ag 的质量分数为 42.4%～66.3%的 Pt-Ag 合金，合金Ⅲ）。由图 1-44 可知，当合金Ⅲ的温度缓慢降至 t_1 时，开始结晶出初晶 α。当温度在 $t_1 \sim t_2$ 之间时，随着温度的降低，液相 L 的数量不断减少，初晶 α 的数量不断增多，两相成分分别沿着 *AP* 相线和 *AC* 相线变化。

当温度降低至 t_2 时，发生包晶反应 $L_C+\alpha_P \rightarrow \beta_D$，由杠杆定律可知，合金Ⅲ包晶转变后 L 相有剩余。当温度降至 t_2 以下时，剩余的液相继续结晶出 β 相。当温度在 $t_2 \sim t_3$ 之间时，合金的转变属于匀晶转变，β 相和液相的成分分别沿 *DB* 相线和 *CB* 相线变化。当温度降至 t_3 时，合金Ⅲ全部转变为 β 固溶体。当温度在 $t_3 \sim t_4$ 之间时，合金Ⅲ为单相 β 固溶体。当温度降至 t_4 以下时，将从 β 固溶体中析出次生相 α_{II}，合金的室温组织为 $\beta+\alpha_{II}$。图 1-47 所示为其过包晶合金的平衡结晶过程示意图。

4. 其他类型的二元相图

除匀晶、共晶和包晶三个基本的二元相图外，还有其他类型的二元相图。

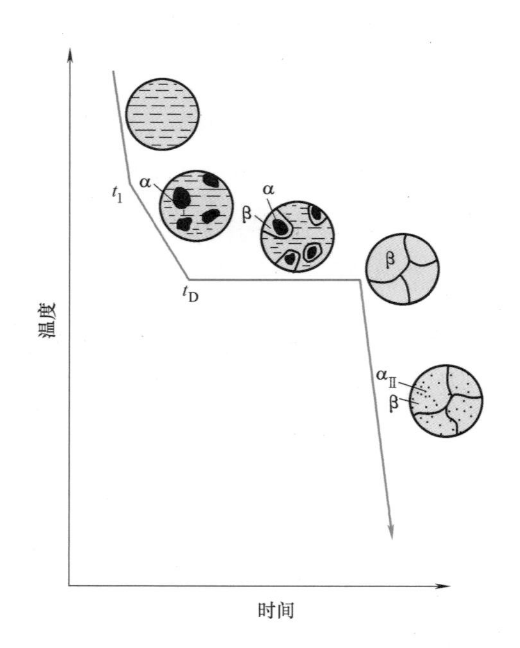

图 1-45　Pt-Ag 包晶合金平衡结晶过程示意图

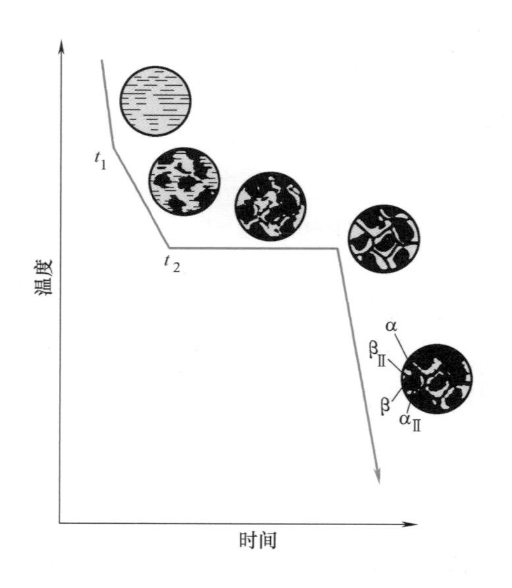

图 1-46　Pt-Ag 亚包晶合金平衡结晶过程示意图

（1）共析相图　一定成分的固相冷却到一定温度时，分解为两个不同成分的固相的转变，称为共析转变。具有共析转变的相图称为共析相图，如图 1-48a 所示。共析转变的表达式为

$$\gamma \rightarrow \alpha + \beta \tag{1-12}$$

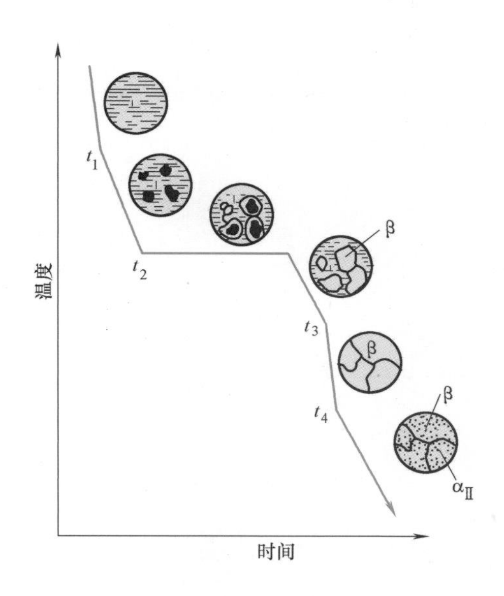

图 1-47　Pt-Ag 过包晶合金平衡结晶过程示意图

（2）熔晶相图　一定成分的固相冷却到某一温度时，分解为一定成分的固相和一定成分的液相的转变，称为熔晶转变。具有熔晶转变的相图称为熔晶相图，如图 1-48b 所示。熔晶转变的表达式为

$$\delta \rightarrow L+\alpha \tag{1-13}$$

（3）偏晶相图　在某一温度下，由一定成分的液相分解出另一成分的液相并结晶出一定成分固相的转变，称为偏晶转变。具有偏晶转变的相图称为偏晶转变，如图 1-48c 所示。偏晶转变的表达式为

$$L_1 \rightarrow L_2+\delta \tag{1-14}$$

5. 合金的性能与相图的关系

利用相图可以了解合金在不同温度、压力下的各种相的成分和相对含量，以及不同合金的结晶特点。合金的性能取决于它们的成分和组织，合金的某些工艺性能又取决于结晶特点。因此，通过相图可以判断合金的性能和工艺性，为合金的配制、选材和工艺制订提供依据。

1）根据相图判断合金的力学性能和物理性能。图 1-49 所示反映了匀晶相图和共晶相图合金的力学性能和物理性能随成分变化的关系。从关系图中可以发现，与纯金属相比，固溶体合金的强度和硬度随成分的变化逐渐增大，并且在某一成分存在极值。固溶体合金的导电率随成分的变化关系与强度和硬度的相似，也呈

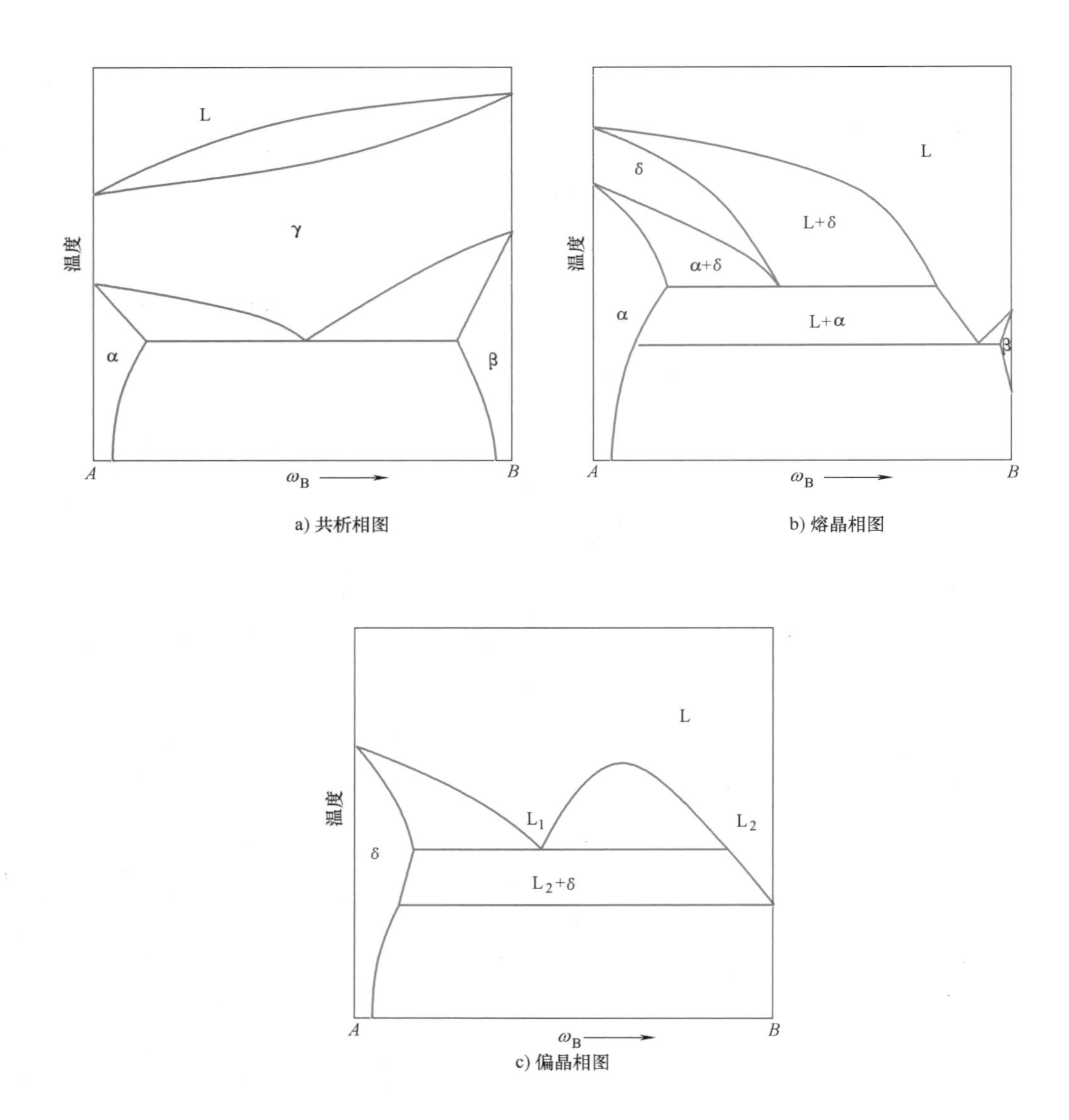

图 1-48　具有共析转变、熔晶转变和偏晶转变的相图

曲线变化。随着溶质组元含量的增加，晶格畸变增大，自由电子的运动阻力增加，因此电阻增加。

共晶相图的端部为固溶体，相图的中间部分为两相机械混合物。在平衡状态下，当两相的大小和分布都比较均匀时，合金的性能大致为两相性能的算术平均值。因此，合金的力学性能和物理性能与成分关系呈直线变化规律。例如合金的硬度 HB 可以用下式计算：

$$HB = HB_{\alpha}\varphi_{\alpha} + HB_{\beta}\varphi_{\beta} \tag{1-15}$$

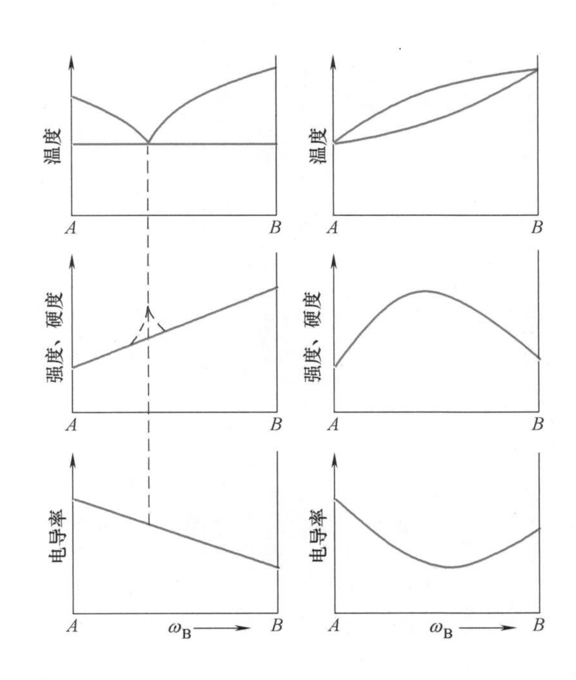

图 1-49　匀晶相图和共晶相图合金力学性能、物理性能与成分的关系

式中，HB_α、HB_β 分别为 α 相和 β 相的硬度，φ_α、φ_β 分为 α 相和 β 相的体积分数。

2）根据相图判断合金的工艺性能。从铸造工艺性来说，共晶成分的合金熔点低，并且是恒温凝固，合金流动性好，易形成集中缩孔，热裂和偏析倾向小，因此适宜作为铸造合金。

图 1-50 所示为合金的铸造性能与相图的关系。由图可见，相图中液相线和固相线之间的水平距离和垂直距离越大，即成分间隔和温度间隔越大，合金的铸造性能越差。这是因为，合金的成分间隔和温度间隔越大，合金的凝固温度范围越大，合金处于半固半液状态的时间越长，流动性越差，合金成分的偏析越严重，其铸造性能也越差。

合金的塑性变形加工性能与其塑性有关。单相固溶体合金通常具有较好的塑性，变形均匀，其塑性变形加工性能较好，因此塑性变形加工合金通常选择相图上单相固溶体范围内的单相合金。但单相固溶体的硬度一般较低，不利于切削加工，故切削加工性能较差。另外，在相图上无固态相变或固溶度变化的合金在冷却或加热过程中无相变发生，因此不能通过热处理进行强化。

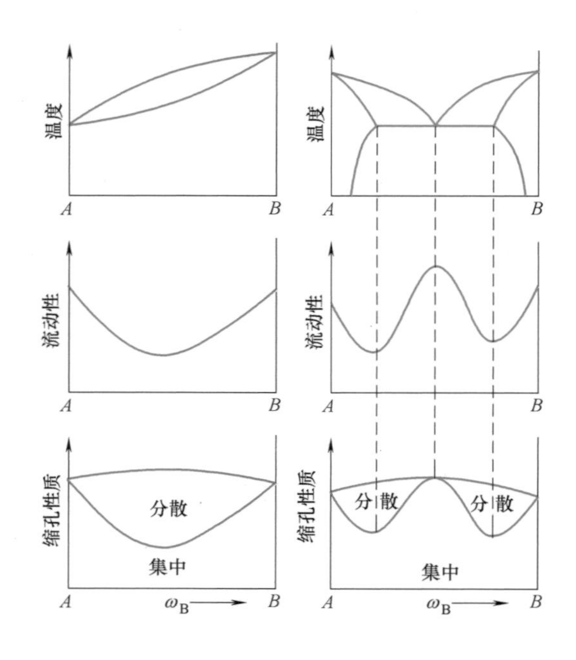

图 1-50　合金的铸造性能与相图的关系

1.2　高分子材料科学基础

1.2.1　高分子化合物的化学组成及相对分子质量

高分子材料是由相对分子质量较高的化合物构成的材料，它是以聚合物为基本组分的材料，又称聚合物材料或高聚物材料。

高分子化合物的相对分子质量虽然很大，但其化学组成并不复杂。高分子化合物都是由一种或几种简单的低分子化合物，经过化学键的重复连接发生聚合反应而形成的。这种简单的低分子化合物，称为单体，而经聚合反应所形成的高分子化合物，称为高聚物或聚合物。单体是用来合成聚合物的原料。

高聚物是由特定的结构单元多次、重复连接而成的，这种结构单元称为链节。聚乙烯的链节是—CH_2—CH_2—。在一个大分子中这种链节重复的次数 n 称为聚合度。

高分子化合物的相对分子质量与聚合度有关。在聚合反应中形成许多不同聚合度的高分子化合物的混合物。由于每个分子的聚合度不同，所以高聚物的相对分子质量通常是指其平均分子质量。高聚物的平均分子质量可按下式计算：

$$M = mn$$

式中　M——高聚物分子的平均相对分子质量；

m——高聚物分子结构单元的相对分子质量；

n——高聚物的平均聚合度。

高聚物平均分子质量的大小及相对分子质量分布情况，是影响其性能的重要因素。

1.2.2　聚合反应的类型

高聚物是由一种或几种单体化合物聚合而成的。聚合反应有加聚反应和缩聚反应两种类型。

1. 加聚反应

由一种或几种单体发生聚合反应而形成高聚物的反应，称为加聚反应。加聚反应又可分为均聚和共聚两种类型。由一种单体进行的聚合反应，称为均聚反应，如聚乙烯是由乙烯发生均聚反应而形成的；由两种或两种以上的单体进行的聚合反应，称为共聚反应，如 ABS 塑料是由丙烯腈（A）、丁二烯（B）、苯乙烯（S）三种单体发生共聚反应而形成的共聚物。

2. 缩聚反应

缩聚反应也是由一种或几种单体发生的聚合反应，但在生成高聚物的同时析出水、氨、醇等低分子物质，故高聚物的结构单元与单体原料不完全相同。与加聚反应类似，由一种单体进行的缩聚反应，称为均缩聚反应；由两种或两种以上的单体进行的缩聚反应，称为共缩聚反应。

1.2.3　高分子材料的分类和命名

高分子材料可以按照材料的来源、性能、结构和用途等不同进行分类。

按照高分子材料的来源不同，可将高分子材料分为天然高分子材料与合成高分子材料。

按照高分子材料的性能和产品用途的不同，可将高分子材料分为塑料、橡胶、纤维、高分子合金、黏合剂及涂料等。

按照高分子材料的热行为及成型工艺特点的不同，可将高分子材料分为热塑性高分子材料和热固性高分子材料。

按照高分子的几何构型的不同，可将高分子材料分为线型高聚物、支链型高聚物和网体型高聚物。

目前常用的高分子材料命名方法主要有两种：一种是根据商品的来源或性质确定它的名称，例如电木、有机玻璃、维纶等。这种命名方法的优点是简短、通俗，但不能反映高分子化合物的分子结构和特性。另一类是根据单体原料名称进行命名，并在单体名称的前面加一个“聚”字，例如由乙烯加聚反应生成的聚合物称为聚乙烯，由氯乙烯加聚反应生成的聚合物称为聚氯乙烯。对于缩聚反应和共聚反应生成的聚合物，在单体名称后面加“树脂”或“橡胶”，例如（苯）酚（甲）醛树脂、丁（二烯）腈（丙烯腈）橡胶。有一些工程塑料，如环氧树脂、聚氨酯、聚酯等，是以该类材料的特征化学单元环氧基、氨基、酯基等为基础来命名的。许多聚合物化学名称的英文缩写简单易记，也被广泛使用。表 1-4 是常用高分子材料的名称和分子结构。

表 1-4　常用高分子材料的名称和分子结构

英文代号	中文名称	分子结构
PE	聚乙烯	$\{CH_2CH_2\}_n$
PF	酚醛树脂	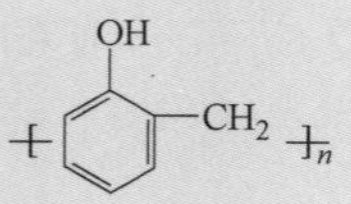 $\{C_6H_3(OH)-CH_2\}_n$
PMMA	聚甲基丙烯酸甲酯（有机玻璃）	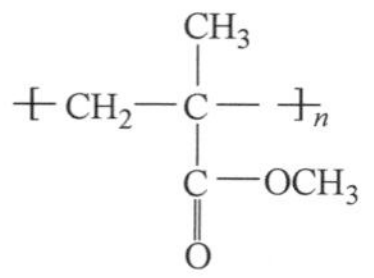 $\{CH_2-C(CH_3)(COOCH_3)\}_n$
POM	聚甲醛	$HO\{CH_2O\}_nH$
PP	聚丙烯	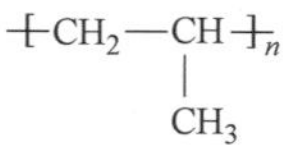 $\{CH_2-CH(CH_3)\}_n$
PS	聚苯乙烯	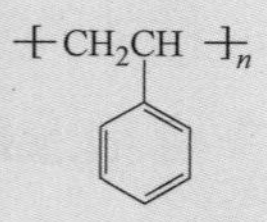 $\{CH_2CH(C_6H_5)\}_n$

（续）

英文代号	中文名称	分子结构
PTFE	聚四氟乙烯	$\text{+}CF_2CF_2\text{+}_n$
PVAC	聚醋酸乙烯酯	$\text{+}CH_2CH\text{+}_n$（CH 上连 $OCOCH_3$）
PVC	聚氯乙烯	$\text{+}CH_2CH\text{+}_n$（CH 上连 Cl）
EP	环氧树脂	$\text{+}O-C_6H_4-C(CH_2)(CH_3)-C_6H_4-OCH_2CH(OH)CH_3\text{+}_n$

1.2.4　高分子链的组成与构型

无机化合物和基本有机化合物，如碳酸钙、正辛醇等，其相对分子质量一般均为数百以下，属于低分子物质。而高聚物的分子是由许多原子通过共价键连接而成的高分子化合物。如果把一般的低分子化合物看作点分子，则高分子似一条链。这条贯穿于整个分子的链称为高分子的主链。高分子的主链是由碳—碳原子形成的共价键或由碳与氧、氮、硫等原子所形成的共价键。

与其他物质的分子一样，聚合物的大分子链也在不停地运动，这种运动是由单键内旋转引起的。高分子链是由成千上万个原子通过共价键连接而成的，其中以单键连接的原子由于热运动可以在保持键角、键长不变的情况下做相对旋转运动，称为单键内旋转。图1-51所示为碳—碳键高分子链的内旋转示意图。

图1-51中所示为 $C_1—C_2—C_3—C_4$ 为碳链中的一段。在保持键角（109.5°）和键长（0.154nm）不变的情况下，当 b_1 键内旋转时，b_2 键将沿着以 C_2 为顶点的圆锥面旋转。同样，当 b_2 键内旋转时，b_3 键在以 C_3 为顶点的圆锥面上旋转。这样，三个键组成的链段就会出现许多空间构象。正是这种极高频率的单键内旋转随时改变着大分子链的空间形象，使线型高分子链在空间呈现部分伸展、折叠、螺旋状，甚至是缠结的线团状等多种构型。在拉力作用下，呈卷曲状的线型高分子链可以伸展拉直，当去除外力后，高分子链又缩回到原来的卷曲状。这种能拉伸、能缩回的性能称为高分子链的柔性。高分子主链构象的多变性是其具有高弹

性的本质因素。

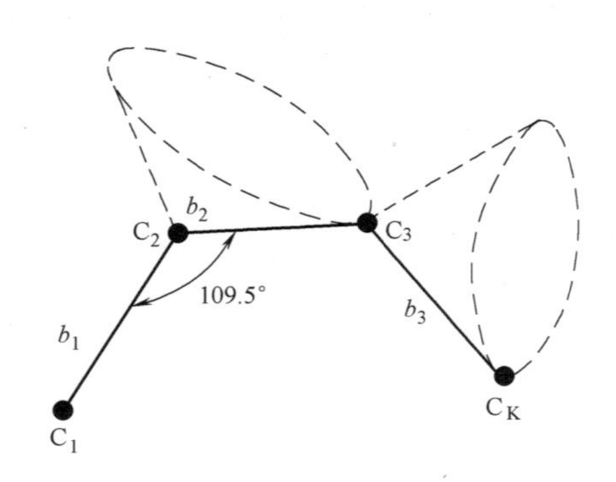

图 1-51　碳—碳键高分子链的内旋转示意图

按照大分子链节在空间排列的几何形状，可将高分子化合物分为线型、支链型和网体型三种形状，如图 1-52 所示。线型和支链型聚合物，具有加热能变软、冷却能变硬的可逆物理特性，这种性质称为热塑性。经交联的三维网状（又称网体型结构）聚合物，分子链之间有许多短链节把它们交联起来，形成立体结构形态，像不规则的网，故称网状结构。由于这种结构稳定性很高，所以网状结构的聚合物不易溶于溶剂，加热时不熔融，具有良好的耐热性和强度，但其弹性差、塑性低、脆性大，只能在形成网状结构之前进行一次成型，不能重复使用。这种性质称为热固性。

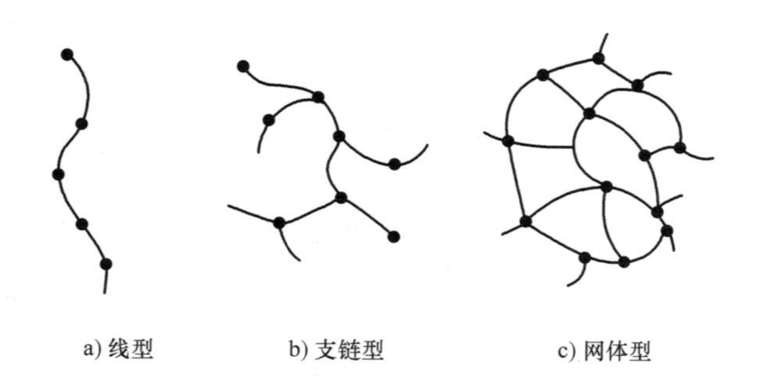

图 1-52　高分子化合物的三种形式

1.2.5　高分子化合物聚集态结构

高分子化合物是由许多个大分子借助分子间的作用力聚集在一起的。根据分子在空间的排列状态的不同，可将高分子化合物分为晶态（分子链在空间规则排列）、部分晶态（分子链在空间部分规则排列）和非晶态（分子链在空间无规则排列，又称玻璃态）三种形态，如图 1-53 所示。通常线型聚合物在一定条件下可以形成晶态或部分晶态，而网体型聚合物为非晶态（玻璃态）。

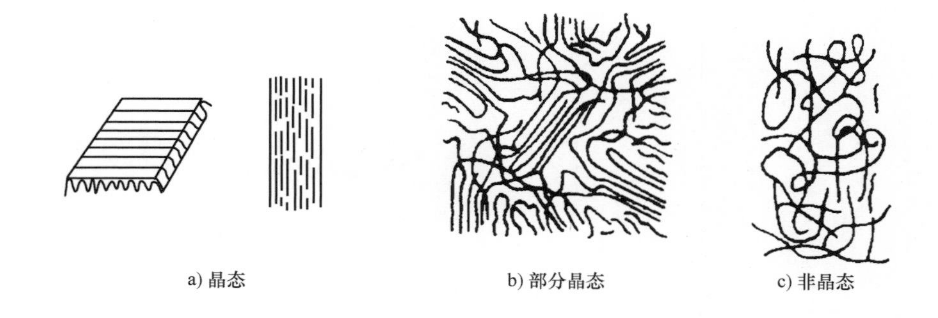

图 1-53　聚合物三种聚集态结构示意图

1.2.6　高分子合成材料的力学状态

1. 高分子的力学状态

聚合物在外力作用下发生形变的状态，称为高分子的力学状态。

高分子的力学状态是聚合物分子微观运动的宏观表现，晶态和非晶态聚合物有着不同的力学状态。

2. 线型无定形非晶态聚合物的力学状态

非晶态聚合物在不同的温度下可以呈现三种不同的力学状态，即玻璃态、高弹态和黏流态。图 1-54 所示为非晶态聚合物在恒定应力作用下形变与温度的关系曲线。图中 T_x 表示脆性温度；T_g 表示玻璃化温度；T_f 表示黏流温度；T_d 表示分解温度。

（1）玻璃态（$T_x<T<T_g$）　聚合物分子运动的能量很低，不足以克服分子内旋转势垒，大分子链段（由 40~50 个链节组成）和整个分子链的运动是冻结的，或者说松弛时间无限大。聚合物中只有小的运动单元可以运动。此时，聚合物的力学性能与玻璃相类似，因此称为玻璃态。在外力的作用下，玻璃态的形变很小，并且形变与外力的大小成正比。去除外力后，形变能立即恢复，符合胡克定律。当温度降至 T_x 以下时，由于温度太低，连分子的热振动都不能进行，即支链键长和键角都不能变化，此时施加外力会导致大分子链断裂，聚合物呈脆性，故将 T_x 称为脆化温度。此时高聚物已失去使用价值。

（2）高弹态（$T_g<T<T_f$）　大分子已具有足够的能量，虽然整个大分子尚不

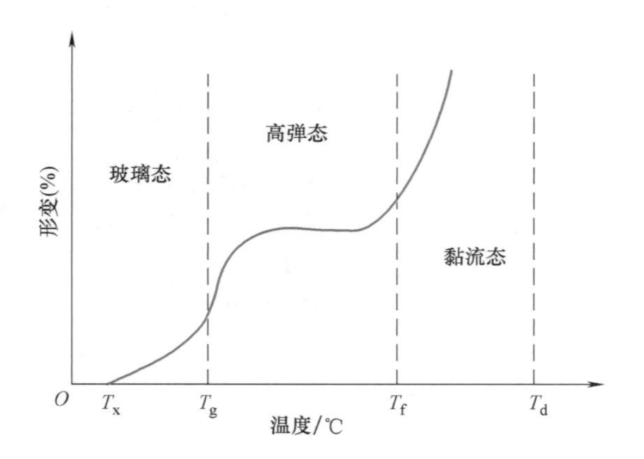

图 1-54　非晶态聚合物形变与温度曲线

能运动，但链段已开始运动。这时大分子在外力拉伸作用下，可以从卷曲的线团状态变为伸展的状态，表现出很大的形变（为 1000%）。当外力去除后，大分子链又可通过链段的运动逐渐恢复到最初卷曲的线团状态，即逐渐恢复到原来的形状。高分子材料具有高弹性特征，这是它区别于低分子材料的重要标志之一。

（3）黏流态（$T_f<T<T_d$）　高分子具有很高的能量，这时不仅链段能够运动，而且整个大分子链都能运动，聚合物呈现可流动的黏液状态，称为黏流态。黏流态聚合物在外力的作用下，大分子链之间产生相对滑移，发生不可逆的永久变形。黏流态是高聚物成型加工的状态，将高聚物原料加热至黏流态后，可通过注射、挤压、模铸等工艺方法加工成各种形状的零件。

3. 线型晶态聚合物的力学状态

由于晶态聚合物中的晶区部分不会有链段运动，所以没有高弹态。当升温至某一温度时，结晶区熔化，该温度称为熔点，用 T_m 表示，如图 1-55 所示。

从图中可以看出，晶态聚合物在 T_m 以下的状态与非晶态聚合物的玻璃态相似，可作为塑料或纤维使用；当温度高于 T_m 时，晶态聚合物处于黏流态，可以进行成型加工。

实际上，晶态聚合物一般都是部分晶态聚合物，其中存在的无定形部分使得在 T_g ~ T_m 范围内非晶区的链段已能运动，而晶区部分尚未熔化。因此，聚合物既有一定的柔顺性，又有一定的刚性，这种状态常称为皮革态。处于皮革态的塑料为韧性塑料，T_m 为其上限使用温度；在 T_m 以下为性能刚硬的硬性塑料，T_g 为其下限使用温度。

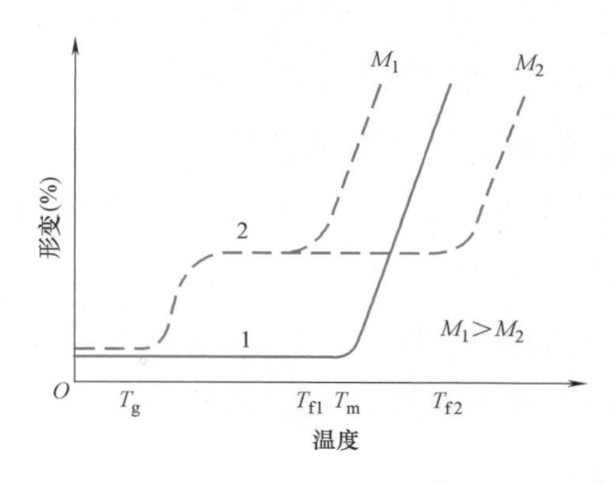

图 1-55　晶态聚合物形变与温度曲线

1.3　陶瓷材料科学基础

说到陶瓷，在许多人的印象中，是一种坚硬易碎的物体，缺乏韧性和塑性。陶瓷被看成是由无机非金属化合物粉体经高温烧结而成的，以多晶聚集体为主的固态物。这一定义虽然指出了材料的制备特征和结构特征，但却把玻璃、搪瓷、金属陶瓷等摒除在外。因此，陶瓷材料是用天然或合成化合物经过成型和高温烧结制成的一类无机非金属材料。它具有高熔点、高硬度、高耐磨性、耐氧化等优点，可用作结构材料、刀具材料，由于陶瓷还具有某些特殊的性能，故又可作为功能材料。

传统的陶瓷是陶器和瓷器的总称，主要是由地壳中最丰富的硅、铝、氧三种元素组成的硅酸盐材料作为原料，再经过高温烧结制成了陶瓷制品。如今，陶瓷材料已经远远超出了传统硅酸盐的范畴，无论在原料、组分、制备工艺、性能和用途上均与传统的陶瓷有很大的差别。

1.3.1　陶瓷材料的分类

陶瓷材料分为传统陶瓷和现代陶瓷两大类。传统陶瓷又称普通陶瓷，是利用天然硅酸盐原料制成的陶瓷，主要用作日用器皿及建筑和卫生制品。现代陶瓷也称工程陶瓷、精细陶瓷、特种陶瓷等，它是采用一些氧化物、碳化物、氮化物、硅化物、硼化物等物质组成的固体材料，采用特殊工艺制成的具有良好性能或具有某种特殊功能的陶瓷，其性能和应用范围远远超过了传统陶瓷。现代陶瓷按功能和用途的不同又可分为结构陶瓷、功能陶瓷和生物陶瓷三种类型。

（1）结构陶瓷　用来制作各种结构部件的陶瓷，主要用于轴承、球阀、刀具、模具等要求耐高温、耐腐蚀、耐磨损的部件。

（2）功能陶瓷　利用其电、磁、声、光、热等直接效应或其耦合效应，以实现某种特殊使用功能的特种陶瓷。

（3）生物陶瓷　作为医学生物材料的陶瓷，生物陶瓷在临床中主要用于牙齿或骨骼系统的修复和替换，如人造骨、人工关节等，也可用于制造某些人造器官。

1.3.2　陶瓷材料的结构

由于陶瓷是化合物而不是单质，所以其组织结构要比金属或合金复杂得多。一般地，陶瓷是由金属（或类金属）与非金属元素形成的化合物，这些化合物之间的结合键主要是离子键（Al_2O_3、MgO 等）和共价键（Si_3N_4、SiC 等）。有的陶瓷是晶体，例如 Al_2O_3、MgO、SiC 等；有的是非晶体，例如玻璃；有的可以在一定条件下由非晶体转化为晶体，例如玻璃陶瓷。典型陶瓷的组织是由晶体相、玻璃相和气相组成的。

1. 晶体相

晶体相是陶瓷的主要组成相，其结构、数量、形态和分布决定陶瓷的主要性能和应用情况。当陶瓷中有几种晶体时，数量最多、作用最大的为主晶体相，其他次晶体相的影响也是不可忽视的。陶瓷中的晶体相主要有硅酸盐、氧化物和非氧化物三种。

（1）硅酸盐　硅酸盐是普通陶瓷的主要原料，也是陶瓷组织中重要的晶体相，如莫来石、长石等。硅酸盐的结合键为离子键与共价键的混合键。它的结构比较复杂，但有以下特点：构成硅酸盐的基本单元是［SiO_4］四面体（图 1-56），硅氧四面体只能通过共用顶角实现相互连接，否则结构不稳定；Si^{4+}离子间不直接成键，它们之间的结合通过 O^{2-}离子来实现；硅氧四面体相互连接时优先采取比较紧密的结构等。按照以上规律，硅氧四面体可以构成岛状、链状、层状和骨架状等硅酸盐形状。

（2）氧化物　氧化物是大多数陶瓷特别是现代陶瓷的主要组成部分和晶体相，它们主要由离子键结合，有时也有共价键。它们的结构决定于结合键的类型、各种离子的大小以及在极小空间中保持电中性的要求。其中最重要的晶体相有

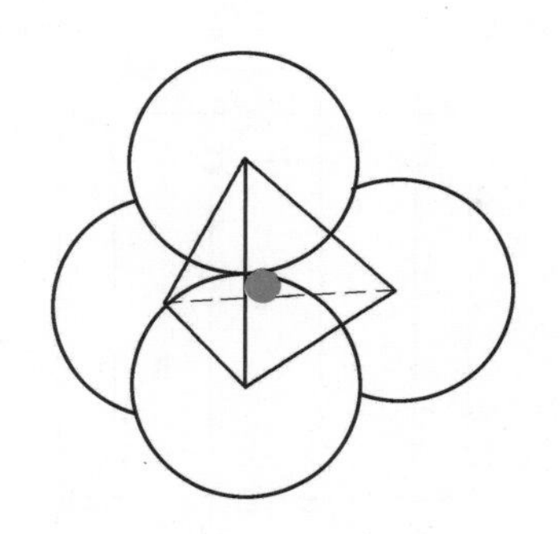

图 1-56　硅氧四面体结构

AO、AO_2、A_2O_3、ABO_3 和 AB_2O_4 等（A、B 表示阳离子），其共同特点是氧离子紧密排列，金属阳离子位于一定的间隙中。AO 类型的氧化物，例如 MgO、CaO、BeO 等具有岩盐结构，如图 1-57 所示。其中，金属离子和氧离子数量相等，氧离子为面心立方排列，金属离子填充在其所有八面体间隙之中，形成完整的立方晶格。

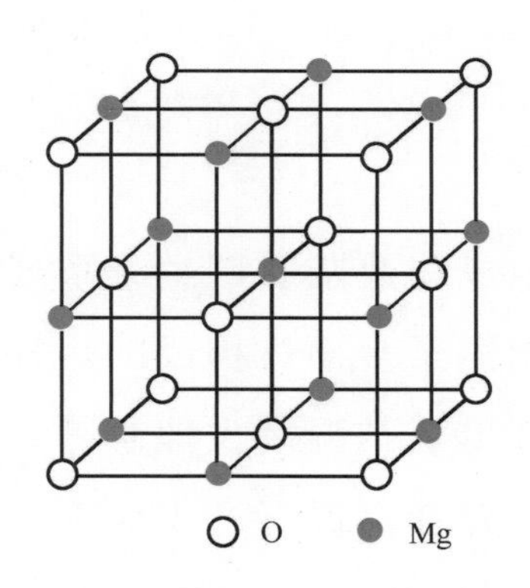

图 1-57　MgO 的晶体结构

Al_2O_3、Cr_2O_3、Fe_2O_3 等属于 A_2O_3 类型，即刚玉结构，如图 1-58 所示。氧离子占据密排六方结构的结点位置，铝离子占据氧离子组成的八面体间隙中，但只占 2/3，每三个相邻的八面体间隙就有一个有规律地空着。在每个晶胞中有六个氧离子和四个铝离子。

（3）非氧化物　不含氧的金属碳化物、氮化物、硼化物和硅化物等，称为非氧化物，它们也是现代陶瓷的主要晶体相，主要由共价键结合，但也有一定成分的离子键和金属键。

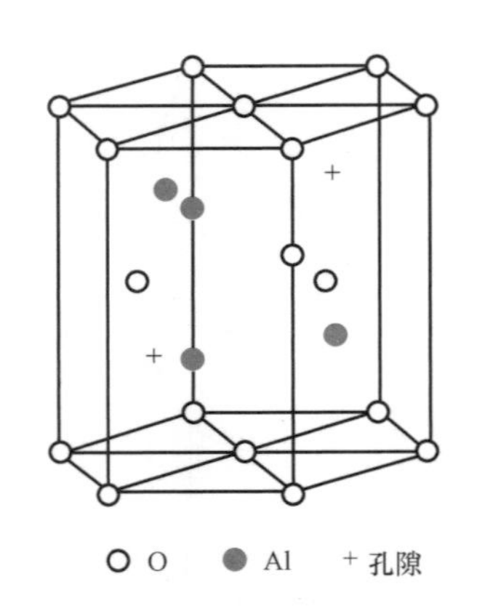

图 1-58　Al_2O_3 的晶体结构

金属碳化物大多数是共价键和金属键之间的过渡键，以共价键为主。其结构主要有两类：一类是间隙相，碳原子嵌入紧密立方或六方金属晶格的八面体间隙之中，例如 TiC、ZrC、HfC、VC、NbC 和 TaC 等；另一类是复杂碳化物，由碳原子或碳原子链与金属构成各种复杂的结构，例如斜方结构的 Fe_3C、Mn_3C、Co_3C、Ni_3C 和 Cr_3C_2，立方结构的 $Cr_{23}C_6$、$Mn_{23}C_6$，六方结构的 WC、MoC、Cr_7C_3 以及复杂结构的 Fe_3W_3C 等。

2. 玻璃相

玻璃相是陶瓷烧结时各组成物及杂质产生一系列物理和化学变化后形成的一种非晶态物质，它的结构是由离子多面体构成的短程有序排列的空间网络。其主要作用是黏结分散的晶相，降低烧结温度，抑制晶粒长大和填充气孔。但玻璃相熔点低，热稳定性差，导致陶瓷在高温下产生蠕变。因此，玻璃相不能成为陶瓷的主导相，其含量必须严格控制，一般不能超过 20%~40%。

玻璃结构的特点是硅氧四面体组成不规则的空间网络，形成玻璃的骨架。如果四面体长程有序排列，则为晶态 SiO_2，如果四面体短程有序排列，则为玻璃的结构，如图 1-59 所示。若玻璃中含有氧化铝或氧化硼，则四面体中的硅被铝或硼部分取代，形成铝硅酸盐或硼硅酸盐的结构网络。引入 Na_2O 等氧化物，会使很强的 Si—O—Si 键被破坏，降低玻璃的强度和热稳定性，但它能使玻璃在高温时成为热塑性材料，有利于成型性能的改善，生产工艺性好。

3. 气相

气相是指陶瓷孔隙中的气体，即气孔，是在陶瓷生产过程中形成并被保留下来的。气孔的存在对陶瓷性能有一定的影响。其优点是能使陶瓷密度减小，并能

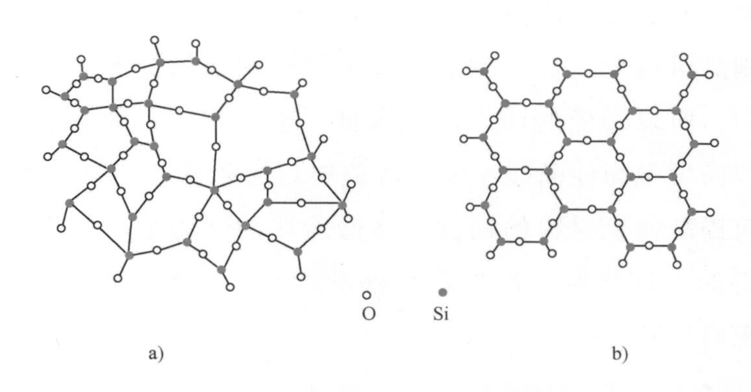

图 1-59　石英玻璃和石英晶体结构示意图

在一定程度上起到减振作用，但同时使得陶瓷的强度下降，介电耗损增大，电击穿强度下降，绝缘性降低。因此，在生产上要严格控制气孔数量、大小及分布。一般地，要求气孔的体积分数不能超过 5%~10%，而且要求气孔细小，呈球形且分布均匀。但在实际生产中，应根据需要增加气孔，例如保温陶瓷和过滤用多孔陶瓷等。此时，其气孔率可高达 60%。

1.3.3　陶瓷材料的性能

由于陶瓷材料的化学键是离子键和共价键，这种化学键具有很强的方向性和很高的结合能，所以陶瓷材料很难产生塑性变形，其破坏方式为脆性断裂。

1. 力学性能

（1）弹性模量　与金属材料不同，陶瓷材料在室温静载荷作用下，一般不会出现塑性变形阶段，在极微小应变的弹性变形后立即出现脆性断裂，伸长率和断面收缩率几乎为零。陶瓷材料的弹性模量比金属大得多，但是陶瓷的弹性模量随陶瓷内的气孔率和温度的增大而减小。

（2）强度　由于陶瓷内部存在大量的气孔，其作用相当于裂纹源，在拉伸应力作用下迅速扩展而导致脆断，所以陶瓷的实际抗拉强度要比金属低得多。陶瓷受压时，由于气孔等缺陷不易扩展为宏观裂纹，所以抗压强度较高，为抗拉强度的 10~40 倍。通过减少陶瓷中的气孔、细化晶粒、提高致密度和均匀度，可提高陶瓷的强度。

（3）硬度　硬度是陶瓷材料的重要力学性能参数之一。硬度高、耐磨性好是工程陶瓷材料的优良特性。

（4）塑性和韧性　陶瓷材料在室温下很难产生塑性变形，其断裂方式为脆性断裂，但在高温（800~1500℃）条件下，陶瓷可能由脆性材料转变为塑性材料。

由于陶瓷制品难以发生塑性变形，加之气孔缺陷的交互作用，在其内部很容易造成应力集中，所以陶瓷的冲击韧性很低，脆性很大；对裂纹、冲击、表面损伤特别敏感，容易发生脆性断裂，成为陶瓷材料用于受力较复杂构件的主要障碍。

在围绕如何提高陶瓷材料的韧性、降低脆性的问题上，近年来各国学者研究了各种陶瓷材料的增韧机制，例如颗粒弥散增韧、微裂纹增韧、裂纹偏转增韧、晶须增韧和相变增韧等。

2. 化学性能

陶瓷是由金属（类金属）和非金属元素形成的化合物，化合物之间的结合键主要是离子键或共价键。陶瓷中的金属正离子被四周非金属氧离子包围，结构非常稳定。因此，陶瓷的化学稳定性好，对酸、碱和盐的耐蚀性强，可广泛应用于石油化工等领域。

3. 热学性能

与金属和高分子材料相比，耐高温是陶瓷材料优异的特性之一。大多陶瓷材料的熔点在 2000℃以上。在高温条件下，陶瓷不仅具有高的硬度，而且基本保持了其在室温下的强度。另外，陶瓷材料的抗氧化性能好，热膨胀系数低，抗蠕变性能强，被广泛用作高温材料，例如冶金坩埚、火箭和导弹的雷达防护罩、发动机燃烧喷嘴等。但是陶瓷材料的抗热震性比较差。当温度发生急剧变化，温差又比较大时，由于受陶瓷材料的力学性能、热学性能及构件几何形状和环境介质等因素的影响，形成的热应力比较大，材料容易被破坏，所以在烧结和使用时应当注意。

（1）孔隙对强度和弹性模量的影响　陶瓷的孔隙从两个方面影响其强度。一方面，它会形成应力集中。圆形孔边缘上的应力为平均应力的三倍。如果孔隙不是圆形，则应力集中的情况更严重。另一方面，孔隙的存在减小了实际截面积，材料所承受的负荷高于表观上的应力。因此，孔隙度越高，陶瓷的强度和弹性模量也就越低。孔隙度小时，弹性模量随气孔率的增大而直线地减小，要制备高强度的陶瓷，必须将孔隙度降至最低。

（2）晶粒尺寸对强度的影响　晶界是位错运动的障碍。在外力作用下，取向最有利的晶粒的位错源首先运动，位错源发出的位错滑移到晶界并在晶界前堆积起来。当塞积顶端产生的应力集中达到相邻晶粒位错源开动的临界应力 T 时变形扩展（即屈服）。晶粒直径越小，晶粒越多，晶界越多，屈服强度越高。因此，细化晶粒可以提高材料的韧性和强度。

（3）晶粒尺寸、晶界对陶瓷材料超塑性的影响　晶粒尺寸和显微结构的稳定性是影响陶瓷材料超塑性的内在因素，而应变速率和变形温度等是影响陶瓷材料超塑性的外在因素。细晶粒的超塑性机理是晶界滑移。晶粒尺寸越小，晶界越多，高温下越易产生晶界滑移，则变形量越大，表现出高的超塑性。

第2章 增材制造用金属材料

作为增材制造工艺中非常重要的材料，金属材料在汽车、模具、能源、航空航天、生物医疗等行业中都有广阔的应用前景。增材制造用金属材料主要有粉末形式和丝材形式。增材制造工艺所使用的金属丝材与传统的焊丝相同，理论上凡能在工艺条件下熔化的金属都可作为增材制造工艺的材料。粉末材料是最常用的材料，目前使用金属粉末材料的增材制造工艺主要有五种：纳米颗粒喷射金属成型（NanoParticle Jetting Metal，NPJ）工艺、选择性激光烧结（Selective Laser Sintering，SLS）工艺、选择性激光熔化（Selective Laser Melting，SLM）工艺、激光近净成型（Laser Engineered Net Shaping，LENS）工艺和电子束熔化（Electron Beam Melting，EBM）工艺。丝材适合于电弧增材制造（Wire and Arc Additive Manufacture，WAAM）工艺等。

2.1 常用的金属材料

2.1.1 钛合金

钛是一种重要的结构金属，纯钛加入合金元素形成钛合金，钛合金因具有强度高、耐蚀性好、耐热性高等特点而被广泛用于各领域，例如生物骨骼及其医学替代器件方面。采用增材制造技术制造的钛合金零部件，强度非常高，耐蚀性好，尺寸精确，能制作的最小尺寸可达1mm，而且其零部件的力学性能优于锻造工艺。Fe、Al、Mn、Cr、Sn、V、Si等元素能提高钛合金的强度，同时降低其塑性和韧性。

根据钛在室温下的组织结构，可以将钛合金分为三大类：α 型钛合金、β 型钛合金和 α+β 型钛合金。α 型钛合金的牌号有 TA1，TA2，TA3，…，TA28；β 型钛合金的牌号有 TB1，TB2。α+β 型钛合金的牌号有 TC1，TC2，TC3，…，TC26。

1. α 型钛合金

当钛中加入 Al、O、N、C 等 α 相稳定化元素时，可以提高钛的同素异晶转变温度，扩大 α 相区，使钛合金在室温环境下为单相 α 固溶体组织，即 α 型钛合金。α 型钛合金的稳定性好，耐热性高，焊接性好。但常温下其强度没有其他钛合金高，并且不能进行热处理强化，只能进行冷变形强化。α 型钛合金主要用来制作超音速飞机的涡轮机匣以及使用温度不超过 500℃ 的一些零部件。

2. β 型钛合金

当钛中加入 Cr、Mo、V、Fe、Ni 等 β 相稳定化元素时，可以降低钛的同素异晶转变温度，扩大钛的 β 相区，合金在退火或淬火状态下，组织为单相的 β 固溶体，即 β 型钛合金。β 型钛合金具有良好的塑性，易于冲压加工成型。β 型钛合金的焊接性好，但热稳定性较差。β 型钛合金都要经过固溶处理，淬火时效后具有很高的强度。β 型钛合金主要用于制造航空发动机压气机叶片和轴等重载荷的旋转件及构件等。

3. α+β 型钛合金

α+β 型钛合金的室温组织为 α 固溶体和 β 固溶体的混合组织，即 α+β 型钛合金。α+β 型钛合金具有较高的力学性能和优良的高温抗变形能力，并可进行淬火时效强化，是应用最广泛的一种钛合金。在 α+β 型钛合金的牌号中，TC4 是当前国内外应用最多的 α+β 型钛合金，其名义化学成分为 Ti-6Al-4V。钒不仅在 β 相中能完全固溶，而且在 α 相中也有较大固溶度，以提高钛合金的强度和塑性。TC4 合金可以在温度范围为 -196 ~ +400℃ 的情况下使用，可用于制造火箭发动机外壳、航空发动机压气机叶片和在低温下使用的压力容器。钛合金因其比重小，比强度高，耐热性和耐蚀性高被人们关注，并广泛用于飞机、导弹、化工机械制造等领域。常用增材制造用钛合金材料和性能见表 2-1。

表 2-1　常用增材制造用钛合金材料和性能

材料牌号	性能
TC4	钛合金 Ti-6Al-4V，密度低，比强度高，具有良好的耐蚀性，生物相容性好，在航空航天、医疗领域应用广泛

（续）

材料牌号	性能
TA15	短时高温钛合金，属于近 α 型钛合金，具有良好的焊接性和热稳定性，在航空航天领域应用广泛
TC11	综合性能良好的 α+β 型热强钛合金，在 500℃以下具有优异的热强性（高温强度、蠕变抗力），并且具有较高的室温强度，主要用于制造航空发动机的压气机盘、叶片等部件
NiTi	称为形状记忆合金，具有良好的形状记忆效应，在航空航天、医疗领域应用广泛，可用于制造雷达天线、心血管支架等
TiAl	金属间化合物，使用温度高、强度高，多用于制造航空发动机的涡轮叶片

2.1.2 不锈钢

不锈钢粉末是金属增材制造用的一类性价比较高的金属粉末材料。不锈钢可以作为选择性激光烧结（SLS）工艺的材料，主要用来制作模型和打印工艺品。采用增材制造技术制造的不锈钢模型具有较高的强度，而且适合打印尺寸较大的物品。常用增材制造用不锈钢材料和性能见表 2-2。

表 2-2　常用增材制造用不锈钢材料和性能

材料	性能
316L	奥氏体型不锈钢，优异的耐蚀性、耐高温和抗蠕变性能，可应用于航空航天、石油化工等领域，也可以用于食品加工和医疗等领域
15-5PH	又称马氏体型时效（沉淀硬化）不锈钢，具有很高的强度、良好的韧性和耐蚀性，而且可以进一步硬化，广泛应用于航空航天、石油化工、食品加工、造纸和金属加工业
17-4PH	马氏体型不锈钢，315℃下仍具有高强度和高韧性，而且耐蚀性超强，通过激光加工状态可以带来极佳的延展性，适用于制作轴类和汽轮机零部件等，这种铁基材料非常适合制造医疗器械
18NI300	模具钢，含碳量超低的 Fe-Ni 合金，以无碳或微碳马氏体为基体，通过 Mo、Co、Ti、Al 等合金元素在时效过程中析出合金化合物形成第二相强化的超高强度钢。具有优良的焊接性、热塑性和可加工性，在具有超高强度的同时兼备良好的韧性

2.1.3 铝合金

铝及铝合金在工业生产中的用量仅次于钢铁，居有色金属的首位，其最大特点是质量轻，比强度和比刚度高，导热和导电性好，耐腐蚀，广泛用于航空航天等领域。在民用工业中，铝合金广泛用于食品、电力、建筑、交通等各个领域。根据成分和生产加工方法的不同，可将铝合金分为变形铝合金和铸造铝合金两种类型。

铝合金密度低，但强度较高，接近或超过优质钢，塑性好，可加工成各种型材，具有优良的导电性、导热性和抗蚀性。铝合金可以作为电子束熔化（EMB）工艺的材料，其在医学和建筑领域都有着很好的应用前景。铝合金的密度相对钛合金和不锈钢都低，同时具有熔点低、重量轻和载重强度大的优点。常用增材制造用铝合金材料和性能见表 2-3。

表 2-3　常用增材制造用铝合金材料和性能

材料牌号	性能
AlSi12	铸造铝合金，用于制造薄壁和复杂几何零件
AlSi10Mg	铸造铝合金，常用于生产具有薄壁和复杂几何结构的铸件。它具备良好的强度、硬度和动态属性，因此也用于生产承受高负荷的零部件

2.1.4　铜合金

铜及铜合金是人类使用最早也是至今应用最广泛的金属材料之一。其最大特点是导电性和导热性好，耐腐蚀，有优良的塑性，可以焊接或冷、热压力加工成形，是电力、化工、航空、交通等领域不可缺少的重要金属材料。

工业纯铜强度较低，通过对其进行合金化处理，可提高铜的性能。将锌（Zn）、铝（Al）、镍（Ni）、锡（Sn）等金属元素加入铜中，可起到较大的固溶强化效果。铍（Be）、钛（Ti）、锆（Zr）、铬（Cr）等金属元素在固态铜中的溶解度随温度的降低而剧烈减小，因而具有时效强化效果，最突出的是 Cu-Be 合金，经热处理后的最高强度可达 1400MPa。过剩相强化在铜合金中应用也十分普遍。如黄铜和青铜中的 CuZn 相和 $Cu_{31}Sn_3$ 相均具有高的强化作用。

根据化学成分的不同，可将铜合金分为黄铜、青铜和白铜三大类。黄铜是以锌为主加元素的铜合金，加锌后呈金黄色，称为黄铜。根据黄铜中所含其他元素的种类，将黄铜分为普通黄铜和特殊黄铜。只含锌的黄铜称为普通黄铜，用“黄”字的汉语拼音首位字母 H 表示，其后数字表示铜的平均质量分数。例如 H62，表示铜的平均质量分数为 62% 的普通黄铜。特殊黄铜的牌号表示方法是在字母 H 后加上除锌以外的主加元素符号，再加上铜的质量分数和主加元素的质量分数。例如 HSi80-3，表示 $\omega_{Cu}=80\%$、$\omega_{Si}=3\%$、其余为锌的硅黄铜。

白铜是以镍为主加元素的铜合金，以“白”字的汉语拼音首位字母 B 表示，后面的数字为镍的平均质量分数。例如 B19，表示 $\omega_{Ni}=19\%$的普通白铜。

青铜是除锌和镍以外的其他元素作为主加元素的铜合金。根据添加的元素不同，将青铜分为锡青铜、铝青铜和铍青铜等。青铜的牌号表示方法是用“青”字的汉语拼音首位字母 Q，加上主加元素的化学符号和其质量分数来表示。例如 QAl5，表示 $\omega_{Al}=5\%$的铝青铜。

铜基粉体材料包括电解铜粉、低松装密度水雾化铜粉、铜合金粉、氧化铜粉、纳米铜粉和喷涂用抗氧化仿金铜合金粉六大类。常用增材制造用铜合金材料和性能见表 2-4。

表 2-4　常用增材制造用铜合金材料和性能

材料	性能
锡青铜粉	广泛应用于粉末冶金含油轴承和金刚石工具
黄铜粉	广泛应用于轴套和金刚石工具等

2.1.5　钴铬合金

钴铬合金是一种以钴和铬为主要成分的高温合金，它的耐蚀性和力学性能都非常优异，用其制作的零部件强度高且耐高温。钴铬合金最早用于制作人工关节，具有优异的生物相容性，已广泛用于口腔医学领域。

钴铬合金的铸造收缩率大，采用传统铸造工艺生产的产品与初始模型相比误差较大，而采用增材制造技术制造的钴铬合金零部件的强度非常高，尺寸非常精确，能制作的最小尺寸可达 1mm，故其零部件的力学性能比锻造工艺成品好很多。常用增材制造用钴铬合金材料和性能见表 2-5。

表 2-5　常用增材制造用钴铬合金材料和性能

材料	性能
CoCrMoW 合金	在 Co 和 Cr 元素的基础上添加了 Mo 和 W 等元素，含有少量的 Si、Fe 等，具有抗氧化性和耐蚀性
CoCrMo 合金	司太立(Stellite)合金的一种，耐磨损和耐蚀性较好，可用于制作刀具和牙齿冠桥等
CoCrW 合金	司太立(Stellite)合金的一种，具有良好的耐热蚀性，硬度高，应用于船舶和核电等行业

2.1.6　镍基合金

镍基合金是指在650~1000℃高温下有较高的强度与一定的抗氧化、耐腐蚀能力等综合性能的一类合金。这些材料耐高温、耐氧化、耐腐蚀，在温度高达1200℃的环境下仍表现出高强度。常用增材制造用镍基合金材料和性能见表2-6。

表2-6　常用增材制造用镍基合金材料和性能

材料	性能
GH4169合金	沉淀硬化型变形高温合金，可在温度小于650℃的环境下长时间使用，短时使用温度可达800℃，合金在温度小于650℃的环境下强度较高，具有良好的疲劳强度、抗氧化及组织稳定性，用于制作航空航天、核能和工业用涡轮盘件、环件、叶片、机匣等结构
GH3536合金	固溶强化型变形高温合金，合金在温度小于900℃的环境下具有中等的持久和蠕变强度，具有良好的抗氧化和耐蚀性，用于制造在温度小于900℃的环境下长期使用的航空发动机燃烧室等部件
GH3625合金	固溶强化型变形高温合金，最高使用温度为950℃，具有良好的抗拉强度和疲劳强度，并且加工和焊接工艺性能良好，广泛用于制造航空发动机零部件和航天结构部件等
GH3230合金	固溶强化型变形高温合金，使用温度为700~1050℃，具有较高的强度和冷热疲劳性能，用于制作航空发动机火焰筒等零件
GH4099合金	沉淀强化型高温合金，在温度小于900℃的环境下可长期使用，具有较高的热强性和组织稳定，并具有良好的热加工和焊接工艺性能，用于制造航空发动机燃烧室及加力燃烧室等高温结构件
K418合金	沉淀硬化型铸造高温合金，具有较高的蠕变强度、冷热疲劳性能和抗氧化性能，用于制作在温度小于900℃的环境下工作的热端转动和静止件。相近牌号为In713C
K438合金	沉淀硬化型铸造高温合金，是耐热腐蚀性最好的合金之一，使用温度小于900℃，主要用于制作燃气轮机及航空发动机涡轮工作叶片、导向叶片等。相近牌号为In738
K477合金	沉淀硬化型铸造高温合金，使用温度小于900℃，具有较高的强度、塑性和组织稳定性，并具有良好的铸造性，用于制造航空发动机的涡轮叶片等高温零件
GH5188合金	固溶强化型变形高温合金，使用温度小于1100℃，冷热加工时均具有较好的塑性和焊接工艺性能等，用于制作在温度小于980℃的环境下工作要求高强度和在温度小于1100℃的环境下工作要求抗氧化的航空发动机部件

2.1.7 难熔金属

难熔金属种类比较少，包括铌、钼、钽、钨、铼，它们以极高的耐热性而出名。它们的熔点都超过 2000℃，化学反应不活泼，密度大，硬度高。常用增材制造用难熔金属材料和性能见表 2-7。

表 2-7 常用增材制造用难熔金属材料和性能

材料	性能
钽	高耐蚀性、传导能力非常好，广泛用于制造真空炉零件和电解电容器。理论上，钽可以提高核微粒的放射性
钨	熔点高达 3422℃，密度很高，难以加工，耐氧化、耐酸碱，可用于辐射屏蔽。高温强度和抗蠕变性能以及导热、导电和电子发射性能都良好，用于制造硬质合金和作为合金添加剂，广泛用于电子和电光源工业，也在航空、航天和兵工等领域中用于制作火箭喷管和压铸模

2.2 金属粉末的表征

增材制造要求金属粉末材料为粒度范围在 15～53μm 的金属颗粒群，并尽可能同时满足纯度高、良好的塑性、粉末粒径细小、无空心、粒度分布窄、球形度高、氧含量低、流动性好和松装密度高等要求。

金属粉末成型性受粉末特性影响，主要特性有粒度、粒度分布、颗粒形状、晶体结构、松装密度及流动性等。粉末化学性质也是粉末重要特性，粉末中的固体杂质也对成型有重要影响。

2.2.1 粉末粒度及粒度分布

一般情况下，采用激光粒度仪以及筛网筛分法进行粉末粒度及粒度分布测试，测试方法按照国家标准 GB/T 19077—2016《粒度分析 激光衍射法》、GB/T 1480—2012《金属粉末 干筛分法测定粒度》、GB/T 6003.1—2012《试验筛技术要求和检验 第 1 部分：金属丝编织网试验筛》、GB/T 5329—2003《试验筛与筛分试验 术语》的规定进行。

通常，适用于 SLM 工艺的粉末粒度范围为 15~53μm，特殊情况下可以适当放宽至 20~60μm，但是使用较粗的粉末会降低打印制品的力学性能和表面质量。此外，采用粒度分布集中、颗粒大小基本一致的粉末可以减少打印过程中的球化和团聚现象，使制品表面质量更高，且打印的一致性与均匀性得到充分保障。

2.2.2　化学成分

增材制造用金属粉末材料的化学成分以相应的 ASTM 标准或传统合金的国家标准来执行。如钴铬钼粉末成分执行美国 ASTM F75《外科植入物用钴铬钼合金铸件及铸造合金标准规范》、国家标准 GB 4234.4—2019《外科植入物 金属材料 第 4 部分：铸造钴-铬-钼合金》；钛合金粉末成分执行国家标准 GB/T 3620.1—2016《钛及钛合金牌号和化学成分》、GB/T 3620.2—2007《钛及钛合金加工产品化学成分允许偏差》；铸造铝合金粉末成分执行国家标准 GB/T 1173—2013《铸造铝合金》、变形铝合金粉末成分执行国家标准 GB/T 3190—2008《变形铝及铝合金化学成分》；不锈钢粉末成分执行国家标准 GB/T 1220—2007《不锈钢棒》；高温合金粉末成分执行国家标准 GB/T 14992—2005《高温合金和金属间化合物高温材料的分类和牌号》等。

粉末化学成分采用 ICP 进行测定，针对不同合金成分各检测单位执行的是企业标准，可参考国家标准 GB/T 223.5—2008《钢铁 酸溶硅和全硅含量的测定 还原型硅钼酸盐分光光度法》、GB/T 223.11—2008《钢铁及合金 铬含量的测定 可视滴分光定或电位滴定法》；碳（C）、硫（S）元素的检测采用红外碳硫分析仪进行测定，执行国家标准 GB/T 20123—2006《钢铁 总碳硫含量的测定 高频感应炉燃烧后红外吸收法（常规方法）》；氧（O）、氮（N）元素的检测采用氧氮氢联测仪进行测定，其中氧元素检测执行国家标准 GB/T 11261—2006《钢铁 氧含量的测定 脉冲加热惰气熔融-红外线吸收法》、氮元素检测执行国家标准 GB/T 20124—2006《钢铁 氮含量的测定 惰性气体熔融热导法（常规方法）》。

一般地，若增材制造用金属粉末的主要化学成分及杂质元素 C、S、N、O 满足相应牌号国家标准规定的范围，则认为该粉末化学成分合格；粉末氧含量低、表面活性小、润湿性好、少或无球化现象、熔化效果好，并且粉末的可循环次数也明显提升。一般规定特殊粉末（高温合金、钛合金和铝合金等）的氧含量不超过母合金氧含量的50~150ppm[1]，如钛合金实际要求氧含量低于1300ppm，高温合金实际要求氧含量低于80ppm，铝合金和不锈钢实际要求氧含量低于500ppm。

2.2.3 球形度和球形率

粉末球形度是指颗粒的周长等效直径与颗粒面积等效直径的比值。测试方法为采用扫描电子显微镜观察，按照JY/T 0584—2020《扫描电子显微镜分析方法通则》执行：利用专用软件，快速分割SEM图像中明暗区域，并对SEM图中的颗粒进行快速划分，剔除拍摄不完整的颗粒，对完整颗粒的周长和面积进行当量直径计算，根据公式快速得出颗粒球形度数值。

粉末球形率是指球形粉末占总粉末的比率。测试方法为采用光学显微镜及扫描电子显微镜观察，按照JY/T 0584—2020《扫描电子显微镜分析方法通则》执行：任意抽取一定数量粒度在规定范围内的粉末，分筛并称取10g大于150目的粉粒，然后用显微镜对此部分粉粒逐一观察检验，将纵横比大于2的非球形粉粒分离出来并称重，据此计算球形粉粒及纵横比大于2的非球形粉粒的质量百分比。

球形度和球形率的大小直接影响了颗粒的流动性和堆积性能，尤其在SLM工艺中将直接影响其铺粉性能。因此，用于SLM工艺的粉末要求球形度达到0.92以上，纵横比大于2的片状、条状、椭圆状、哑铃状及葱头状等非球形粉末粒的比例和质量百分比不超过3%（球形率达到97%以上）。若粉末球形度和球形率高，则铺粉更加均匀，使打印构件的致密度得到提升。

2.2.4 流动性

为了满足增材制造技术的工艺需求，金属粉末必须满足一定的要求。粉末的流动性是粉末的重要特性之一，所有使用金属粉末作为耗材的增材制造工艺在制造过程中均涉及粉末的流动。金属粉末的流动性直接影响SLM、EBM工艺中铺粉的均匀性和LENS工艺中送粉的稳定性，若金属的流动性太差，则会造成打印精度降低，甚至打印失败。

粉末的流动性受粉末粒径、粒度分布、粉末形状、所吸收的水分等多方面的影响。一般地，为了保证粉末的流动性，要求粉末是球形或近球形，粒径范围为

[1] 1ppm = 1×10^{-6}。

十几微米至100μm，过小的粒径容易造成粉体团聚，而过大的粒径会导致打印精度降低。此外，为了获得更致密的零件，一般希望粉体的松装密度越高越好，采用级配粉末比采用单一粒度分布的粉末更容易获得高的松装密度。

粉末流动性采用霍尔流速计进行测试，按照国家标准 GB/T 1482—2010《金属粉末 流动性的测定 标准漏斗法（霍尔流速计）》执行：称取 50g 样粉，堵住漏斗底部小孔，把称好的样粉倒入漏斗中，开启漏斗小孔时开始计时，样粉漏完后记录所需要的时间，同一样品测量三次，最终以均值表示该粉末的流动性。

某些气雾化的粉末尤其是铝合金没有流动性，但是却能够满足 SLM 工艺的铺粉要求，还能打印出较为理想的构件。因此，评判粉末能否适用于 SLM 工艺，还需考察另一个粉末参数——休止角。

休止角是粉末堆积层的自由斜面与水平面所形成的最大角度，是粒子在粉末堆积层的自由斜面上滑动时所受重力和粒子间摩擦力达到平衡而处于静止状态下测得，是检验粉末流动性好坏的最简便的方法。休止角的大小直接反映粉末的流动性，休止角越小，粉末的流动性越好。研究表明，当粉末休止角≤35°时，才能保证粉末能够适用于 SLM 工艺。

2.2.5　松装密度和振实密度

松装密度是指粉末在特定容器中处于自然充满状态后的密度。采用霍尔流速计进行测试，按照国家标准 GB/T 1479.1—2011《金属粉末 松装密度的测定 第 1 部分：漏斗法》执行：将粉末倒入孔径为 2.5mm 的漏斗使粉末自然流下，直至特定容器完全被粉末充满且溢出；用非磁刮刀片刮平粉末，测量质量；最后通过计算公式 $\rho=m/V=m/25$，得出粉末松装密度。

振实密度是指将一定质量（或体积）的粉末装填在特定容器后，对容器进行一定强度的振动，从而破坏粉末颗粒间的空隙，使颗粒处于紧密状态。这时的粉末密度称为振实密度。粉末振实密度按照国家标准 GB/T 21354—2008《粉末产品振实密度测定通用方法》、GB/T 5162—2006《金属粉末 振实密度的测定》执行。经研究发现，粉末的松装密度和振实密度越高，成型构件的致密度越高。一般认为，粉末的松装密度大于其致密材料的 55%以上、振实密度大于其致密材料的 62%以上才能保证成型构件的致密度≥98%。

2.3 金属粉末的制备

目前增材制造所使用的金属粉末的制备方法主要是雾化法。雾化法主要包括水雾化法和气雾化法两种。气雾化法制备的粉末相比于水雾化法制备的粉末纯度高、氧含量低、粉末粒度可控、生产成本低以及球形度高，是高性能及特种合金粉末制备技术的主要发展方向。

目前，增材制造用金属粉末材料的气雾化法制备常用技术包括坩埚真空感应熔炼气雾化（Vacuum Induction-melting Gas Atomization，VIGA）和无坩埚电极感应熔炼气雾化（Electrode Induction-melting inert Gas Atomization，EIGA）。近年来，粉末生产商和制粉设备制造商通过对气雾化法制粉技术的改进，发展了诸如超声气雾化、紧耦合气雾化、真空雾化、超高压雾化、层流气雾化以及热气体雾化技术，并针对增材制造技术特点，对相关工艺进行了改进，已经可以制备满足选择性激光熔化、激光同轴送粉等增材制造工艺使用要求的粉末。目前，具有代表性的气雾化法制粉技术有 VIGA 型真空感应气雾化制粉、EIGA 型电极感应气雾化制粉、PREP 等离子旋转电极雾化制粉和等离子雾化（PA）法。

2.3.1 真空感应气雾化（VIGA 法）制粉

VIGA 法采用坩埚熔炼合金材料，合金液经中间包底部导管流至雾化喷嘴处，被超音速气体冲击破碎，雾化成微米级尺寸的细小熔滴，熔滴球化并凝固成粉末。该方法主要用于铁基合金、镍基合金、钴基合金、铝基合金和铜基合金等粉末的生产制备，广泛应用于 3DP、熔融沉积、激光熔覆、热喷涂、粉末冶金和热等静压等先进制造领域。VIGA 法制粉由于其效率高、合金材料适应范围广、成本低、粉末粒度可控等优势，是全球范围内增材制造粉末供应商普遍采用的技术方法。

VIGA 法的优点是细粉收得率高，粉末粒径小于 45μm 可用于选择性激光熔化工艺，成本较低；缺点是球形度稍差，卫星粉多，粒径为 45~406μm 的粉末空心粉率高，存在空气夹带，不适合于电子束熔化成型、直接热等静压成型等粉末冶金领域。

2.3.2 电极感应气雾化（EIGA 法）制粉

EIGA 法将气雾化技术与电极感应熔炼技术相结合，摒弃与金属熔体相接触的坩埚等部件，将缓慢旋转的预合金棒金属电极放在一个环形感应线圈中进行电极熔化，电极熔滴落入气体雾化喷嘴系统，利用惰性气进行雾化，可有效降低熔炼过程中杂质掺入，实现活性金属的安全、洁净熔炼，主要应用于活性金属及其合金、金属间化合物、难熔金属等粉末材料的制备，例如钛及钛合金、高温合金、铂铑合金、钛铝金属间化合物。

EIGA 法在制备活性金属粉末方面具有节约材料、生产灵活和细粉产出多等优势，适用于 SLM 工艺用钛合金粉末的生产制备。所制得的粉末广泛应用于选择性激光熔化、激光熔融沉积、电子束熔化和粉末冶金等领域。

2.3.3　等离子旋转电极雾化（PREP 法）制粉

等离子旋转电极（Plasma Rotating Electrode-comminuting Process，PREP）法是一种球形粉末制备工艺，它将金属或合金加工成棒料并利用等离子体加热棒端，同时棒料进行高速旋转，依靠离心力使熔化液滴细化，在惰性气体环境中凝固并在表面张力作用下球化形成粉末；通过筛分将不同粒径的粉末分级，经过静电去夹杂（仅针对高温合金）后得到粉末产品。等离子旋转电极雾化制粉设备主要用于生产镍基高温合金粉末、钛合金粉末、不锈钢粉末及难熔金属粉末等，所制得的粉末质量高，广泛应用于电子束熔化、激光熔融沉积、喷涂和热等静压等领域。

PREP 法适用于钛合金、高温合金等合金粉末的制备。该方法制备的金属粉末球形度较高，流动性好，但粉末粒度较粗，对于 SLM 工艺所用微细粒度粉末收得率低，细粉成本偏高。由于粉末的粗细，即液滴尺寸的大小主要依靠棒料的转速或棒料的直径来控制，转速提高必然会对设备密封、振动等提出更高的要求。PREP 法制备的粉末粒度范围分布较窄，不易获得微细粉末，细粉收得率较低。由于细粉成本居高不下，所以使 PREP 法制备的粉末在 SLM 工艺应用上受到较大限制。该技术制备的粗粉在激光快速成型工艺中获得应用。

PREP 法的优点是金属颗粒表面清洁、球形度高、伴生颗粒少、无空心或卫星粉、流动性好、高纯度、低氧含量、粒度分布窄；缺点是粉末粒度较粗，微细粒度粉末收得率低，细粉成本偏高。

2.3.4　等离子雾化法（PA 法）制粉

将金属或合金制成自耗电极，电极端面受电弧加热而熔化为液体，通过电极高速旋转的离心力将液体抛出并粉碎成细小液滴，最后冷凝成粉末的方法就是等离子雾化（Plasma Atomization，PA）法制粉。这种制粉方法可根据等离子弧电流的大小和电极转速调控粉末的粒径。

PA 法已经用于常规牌号钛及钛合金粉末的批量制备，通粉中含有卫星粉、片状粉、纳米颗粒等，经处理后其粉末流动性良好。由于需要丝材作为原材料，该技术在制备难变形金属材料方面遇到瓶颈，所以材料适用范围窄。在生产镍基合金、铁基合金等非活性金属粉末方面，其生产成本较高。

PA 法的优点是粒径小于 45μm 的粉末收得率极高，几乎无空心球气体夹带，优于气雾化法。电子束熔化成型所采用的 TC4 合金均用该法制备；缺点是球形度稍差，有卫星粉，丝材成本较高。

第3章　增材制造用高分子材料

3.1　增材制造用工程塑料

工程塑料是用于制造工程结构件的塑料，其强度高、韧性好。通用塑料经改性处理后，也可作为工程塑料使用。塑料若按受热时的性能，可分为热塑性塑料和热固性塑料。热塑性塑料加热时可熔融，并可多次反复加热使用；热固性塑料经一次成型后，受热不会变形，不软化，不能反复加热使用，只能塑压一次。

工程塑料被广泛应用于电子、电气设备、汽车、建筑、办公设备、机械、航空航天等行业，“以塑代钢、以塑代木”已成为应用趋势。目前几乎所有的通用塑料都可以应用于增材制造，但由于每种塑料的特性存在差异，导致增材制造工艺以及制品性能受到影响。

塑料主要由以下部分组成：

（1）树脂　在塑料中以树脂作为基体，再加入其他的一些添加剂组合成一个整体。树脂在塑料中的占有量为30%~100%。因此，塑料的性能主要取决于树脂的种类、性能和用量，而且绝大多数塑料是以所用的树脂名称命名的。

（2）添加剂　为了对塑料进行改性而特意加入的物质，称为添加剂。

（3）填料　又称填充剂。填料按其形状可分为粉状、纤维状和片状，在塑料中的用量一般为20%~50%。加入填料的主要目的是调整塑料的性能，提高强度，节约树脂用量，降低塑料制品的成本。例如，加入纤维可提高塑料的强度；加入铝粉可提高塑料的反光和防老化能力；加入石棉可提高塑料的耐热性；加入荧光剂可制成荧光塑料。

(4) 增塑剂　为了提高塑料的可塑性，便于成型加工，常向树脂内加入一些相对分子质量比较小，难以挥发的低熔点固体或高沸点黏稠液体有机物作为增塑剂。加入增塑剂后，降低了塑料的软化温度，并且使塑料的塑性、韧性和弹性得以增强，而硬脆性降低。常用的增塑剂有邻苯二甲酸酯类、磷酸酯类等。

(5) 固化剂　又称硬化剂或交联剂。固化剂的主要作用是使聚合物形成横跨链以彼此交联，由热塑性线型结构变为热固性的网体型结构，使固化后的塑料制品更加坚硬。常用的固化剂有胺类、酸酐类等。

(6) 稳定剂　又称防老化剂。为了防止和延缓塑料制品老化，常根据塑料的品种、结构特征、性能要求和使用条件等加入少量的稳定剂，以削弱外界因素对聚合物的老化作用，控制大分子的裂解或交联反应的发生，提高聚合物大分子链结构的稳定性。例如在聚氯乙烯中加入硬脂酸盐，可以防止热成型时的受热分解；在塑料中加入炭黑作为吸收剂，可以提高其耐光辐射的能力。

(7) 润滑剂　为了防止在成型加工过程中塑料与模具或其他设备之间的黏结，便于脱模，可以在塑料中加入少量硬脂酸或其他盐类作为润滑剂，确保塑料制品表面光洁美观。

(8) 阻燃剂　在塑料中加入氧化锑、磷酸酯类或含溴化合物作为阻燃剂，可以阻止塑料燃烧或使其自熄。

(9) 着色剂　一些用于装饰或有装饰要求的塑料制品，可加入有机或无机染料作为着色剂。着色剂应着色能力强、耐候性好，色泽鲜艳，在树脂中能均匀分散。

此外，在塑料中还可加入发泡剂、抗静电剂或其他添加剂，以满足塑料制品的使用性能要求。各种添加剂除满足其使用性能要求外，还必须确保不和树脂或其他组成物发生有害的物理和化学反应，并能在塑料中分散均匀、稳定存在。

3.1.1　ABS

ABS（Acrylonitrile Butadiene Styrene）树脂是丙烯腈、丁二烯和苯乙烯的共聚物，A 代表丙烯腈，B 代表丁二烯，S 代表苯乙烯。丙烯腈具有高强度、热稳定性及化学稳定性；丁二烯具有坚韧性、抗冲击特性；苯乙烯具有易加工、高强度的特点。ABS 树脂是目前产量最大、应用最泛的聚合物之一，它将聚丁烯、聚丙烯腈和聚苯乙烯的各种性能优点有机地结合起来。ABS 树脂具有良好的成型加工性能，其制品表面质量高，尺寸稳定性好，收缩率范围为 0.4%～0.5%，而且很少发生塑化后收缩的现象。

ABS 树脂为无定形聚合物，其玻璃化转变温度（T_g）为 90～100℃，黏流温度（T_f）为 160～170℃，分解温度（T_d）为 230～250℃，因此具有较宽的加工温度区域（即黏流态区域）。熔融状态下 ABS 树脂为非牛顿流体，其熔体黏度与加工温度和剪切速率有关，但对剪切速率更敏感。

ABS 树脂可与多种树脂混配成共混物，如 PC/ABS、ABS/PVC、PA/ABS、PBT/ABS 等混合能产生新性能，应用于新的领域。在增材制造工艺中，ABS 是熔融沉积成型（Fused Deposition Modeling，FDM）工艺常用的热塑性工程塑料。

3.1.2　PC（聚碳酸酯）

聚碳酸酯是由刚性的苯环和柔顺性的碳酸酯构成的，因此它具有优良的力学性能，抗拉、抗弯强度高，尤其是它的抗冲击强度，有缺口试样的冲击强度可达 64～75kJ/m^2，而无缺口的试样则冲不断。它的抗蠕变性能优于尼龙和聚甲醛，并具有良好的耐热性和耐寒性，可在温度范围为-60～120℃长期使用，因此可用来制造在高温、高负荷条件下尺寸稳定性要求高的机械零件。它有优异的电绝缘性，在较宽的温度范围内（20～125℃）和潮湿的环境下，介电常数几乎不变，可用来制造电容和高级绝缘材料。此外，它还具有耐油性、耐酸性等。

聚碳酸酯用途广泛，可用来制造齿轮、凸轮、蜗轮及电器仪表零件等。又由于它具有高达 85%的透光率，故可用作大型灯罩、防护玻璃、飞机驾驶室风挡玻璃等材料。

3.1.3　PA（聚酰胺、尼龙）

尼龙（Polyamide，PA）又称聚酰胺树脂，密度为 1.15g/cm^3，是分子主链上含有重复酰胺基团的热塑性树脂总称。尼龙外观为白色至淡黄色颗粒，尼龙制品表面有光泽且坚硬。尼龙包括脂肪族 PA，脂肪-芳香族 PA 和芳香族 PA。其中，脂肪族 PA 品种多，产量大，应用最广泛，其命名由合成单体的具体的碳原子数而定。

尼龙有很好的耐磨性、韧性和冲击强度，可用于制造具有自润滑作用的齿轮和轴承。尼龙耐油性好，阻透性优良，无臭，无毒，也是性能优良的包装材料，可长期存装油类产品，如制作油管等。常用增材制造用尼龙材料和性能见表3-1。

表3-1　常用增材制造用尼龙材料和性能

材料	性能
PA6	主要用作合成纤维，含芳香基团的尼龙纺丝得到的纤维称为芳纶，其强度可同碳纤维媲美，是重要的增强材料，在航天工业中被大量使用
PA11	坚固耐用，高伸长率，高冲击强度，用于卡扣连接、活动铰链、接头、管道、夹具、固定装置和模具
PA12	密度小、熔点低、热稳定性好，分解温度高，耐蚀、耐磨损，用于汽车、航天、消费品领域的功能性原型制造和小批量生产的部件

3.1.4　PS（聚苯乙烯）

聚苯乙烯（PS）属于非结晶热塑性树脂，熔融温度为100℃，受热后可熔化、黏结，冷却后可以固化成型，而且该材料吸湿率很小，仅为0.05%，收缩率也较小，其粉料经过改性后，可作为选择性激光烧结成型工艺用材料。

烧结成型件经不同的后处理工艺具有以下功能：

1）结合浸树脂工艺进一步提高烧结成型件的强度，可作为原型件及功能零件。

2）烧结成型件经浸蜡后处理，可作为精铸蜡模使用，通过熔模精密铸造，生产金属铸件。

3.1.5　PLA（聚乳酸）

PLA是一种新型的可生物降解的热塑性树脂，它是由玉米等谷物原料经过发酵、聚合、纺丝制成的。在其生产过程中，首先将玉米中的淀粉提炼成植物糖，然后将植物糖经过发酵形成乳酸，乳酸再经过聚合生成高性能的乳酸聚合物，最后将这种聚合物经过熔体纺丝等纺丝方法制成聚乳酸纤维。聚乳酸的纺丝可采用溶液纺丝和熔融纺丝两种方法来实现。目前，熔融纺丝法已经成为聚乳酸纺丝加工的主流方法。

PLA材料因其卓越的可加工性和生物可降解性，已成为目前市面上所有FDM

工艺的桌面型增材制造设备最常使用的材料。由于PLA具有生物可降解性，良好的热塑性、可加工性、生物相容性及较低的熔体强度等优异性能，所以用它打印出的模型更易成型，表面光泽，并且色彩艳丽。PLA在增材制造过程中不会像ABS树脂线材那样释放出刺鼻的气味，同时它的变形率小，仅是ABS树脂耗材的1/10~1/5。采用PLA作为增材制造工艺耗材而成型的制品强度高，韧性好，线径精准，色泽均匀，熔点稳定。它在增材制造技术应用中的特点是具有很好的生物相容性。

3.1.6　PVA（聚乙烯醇）

PVA是一种生物可降解的合成聚合物。它最大的特点是具有水溶性。作为一种应用于FDM工艺中的新型耗材，PVA在打印过程中是一种很好的支撑材料。在打印过程结束后，由其为打印组成的支撑部分能在水中完全溶解且无毒无味，因此可以很容易地从模型上清除。

聚乙烯醇是由乙酸乙烯（VAC）经聚合醇解而制成，生产PVA通常有两种原料路线：一种是以乙烯为原料制备乙酸乙烯，再制得聚乙烯醇；另一种是以乙炔（分为电石乙炔和天然气乙炔）为原料制备乙酸乙烯，再制得聚乙烯醇。

聚乙烯醇的水溶性随其醇解度的高低有很大差别。醇解度为87%~89%的聚乙烯醇水溶性最好，不管在冷水还是在热水中它都能很快地溶解，表现出最大的溶解度。醇解度在89%~90%以上的聚乙烯醇，为了完全溶解，一般需加热到60~70℃。醇解度为99%以上的聚乙烯醇只溶于95℃的热水中，而醇解度在75%~80%的产品只能溶于冷水，不溶于热水。PVA的醇解度降低，而溶解性提高，是由于—$OCOCH_3$的增多，进一步削弱了氢键的结合力，破坏了PVA大分子的定向性，从而使水分子容易进入PVA大分子之间，提高了溶剂效应。由于—$OCOCH_3$是疏水性的，它的含量过高会使PVA的水溶性下降，所以当醇解度在66%以下时，聚乙烯醇的水溶性下降，直到醇解度降到50%以下，聚乙烯醇即不再溶于水。因此，从水溶性要求来说，以醇解度为85%~88%的PVA为好。

3.1.7　PETG

PETG是一种透明塑料，是一种非结晶型共聚酯，它既有PLA树脂的光泽度，还有ABS树脂的强度，是两者的综合体。PETG是采用甘蔗和乙烯生产的生物基乙二醇为原料合成的生物基塑料。这种材料具有出众的热成型性、韧性与耐候性，热成型周期短、温度低、成品率高。PETG 材料的收缩率非常小，并且具有良好的疏水性，无须在密闭空间里贮存。

由于 PETG 的收缩率低、温度低，在增材制造过程中几乎没有气味，使得 PETG 在增材制造领域内具有更为广阔的开发应用前景。PETG 是进口原料，环保材料，无气味，打印模型出料畅顺，不易堵头，制品光泽度高，强度高，表面光滑，具有半透明效果，产品不易破裂。

3.1.8 TPU（热塑性聚氨酯弹性体橡胶）

弹性体是指玻璃化温度低于室温度，断裂伸长率大于 50%，外力撤除后复原性比较好的高分子材料。聚氨酯弹性体是弹性体中比较特殊的一大类，聚氨酯弹性体的硬度范围和性能范围很宽，因此聚氨酯弹性体是介于橡胶和塑料之间的一类高分子材料，可加热塑化，化学结构上没有或很少交联，其分子基本是线型的，然而却存在一定的物理交联，这类聚氨酯称为 TPU。

TPU（Thermoplastic Polyurethanes）是热塑性聚氨酯弹性体橡胶，主要分为聚酯型和聚醚型两类。TPU 耐磨、耐油，透明且弹性好，在日用品、体育用品、玩具、装饰材料等领域得到广泛应用。无卤阻燃 TPU 还可以代替软质 PVC 以满足越来越多领域的环保要求。增材制造用 TPU 是介于橡胶和塑料之间的一种成熟的环保材料，其制品目前广泛应用于医疗卫生、电器电子、服装及体育等方面。

3.1.9 PEEK（聚醚醚酮）

PEEK 是在主链结构中含有一个酮键和两个醚键的重复单元所构成的高聚物，属特种高分子材料。它具有耐高温、耐化学药品腐蚀等物理和化学性能，是一类半结晶高分子材料，软化温度为 168℃，熔点为 334℃，抗拉强度为 132～148MPa，可用作耐高温结构材料和电绝缘材料，可与玻璃纤维或碳纤维复合制备增强材料。一般采用与芳香族二元酚缩合而得的一类聚芳醚类高聚物。

PEEK 耐高温性能十分突出，可在温度小于 250℃ 的环境下长期使用，瞬间使用温度可达 300℃；其刚性大，尺寸稳定性好，线胀系数较小，接近于金属铝材料。PEEK 化学稳定性好，对酸、碱及几乎所有的有机溶剂都有很强的耐腐蚀能力，同时具有阻燃、抗辐射等性能。PEEK 耐滑动磨损和微动磨损的性能优异，尤其是能在温度小于 250℃ 的环境下保持高耐磨性和低摩擦因数。此外，PEEK 易于挤出和注射成型。由于PEEK具有优良的综合性能，在许多特殊领域可以替代金属、陶瓷等传统材料，在机械、石油化工、航空航天、轨道交通、电子电气设备和医学等领域有广泛的应用。

虽然PEEK具有许多优良性能，但是价格昂贵，限制了其在一些领域的应用。另外，它的冲击强度较差，为了进一步提高其性能，以满足各个领域的综合性能和多样化需要，可采用填充、共混、交联、接枝等方法对其进行改性，以得到性能更加优异的PEEK塑料合金或PEEK复合材料。例如PEEK与聚醚共混可得到更好的力学性能和阻燃性；PEEK与PTFE共混制成复合材料，具有突出的耐磨性，可用于制造滑动轴承、动密封环等零部件；PEEK用碳纤维等填充改性，制成增强的PEEK复合材料，可大大提高材料的硬度、刚性及尺寸的稳定性等。

3.2　高分子丝材的制备

挤出成型是高分子材料加工领域中变化众多、生产率高、适应性强、用途广泛、所占比重最大的成型加工方法。挤出成型是使高聚物的熔体（或黏性流体）在挤出机的螺杆或柱塞的挤压作用下通过一定形状的口模而连续成型，所得的制品为具有恒定断向形状的连续型材。

挤出成型的工艺过程包括以下三个阶段：

（1）塑化　在挤出机内将固体塑料加热并依靠塑料之间的内摩擦热使其成为黏流态物料。

（2）成型　在挤出机螺杆的旋转推挤作用下，通过具有一定形状的口模，使黏流态物料成为连续的型材。

（3）定型　用适当的方法，使挤出的连续型材冷却定型为制品。

3.3　高分子粉末材料制备方法

3.3.1　低温粉碎法

低温粉碎是利用某些材料在低温条件下的冷脆特性进行粉碎，可以得到较细的颗粒。在低温条件下粉碎物料，可以保持物料的性能。低温粉碎已经实现了工业化，利用液氮或天然气的冷量，粉碎废旧轮胎，得到精细冷冻胶粉。用制冷剂将需要粉碎的物料快速冷冻到冷脆温度以下，随后将冷冻物料送入粉碎装置中进行粉碎。用低温粉碎法制备的胶粉粒子粒径较小，表面光滑，边角呈钝角状态，热氧化程度低，性能好。

高分子材料在低温下会因分子链运动能力下降导致脆化，利用这一特性，可以采用深冷冲击法来制备高分子粉末材料。一般使用液氮作为制冷剂，将原材料冷冻至液氮的温度，保持粉碎机内部温度在合适的状态，加入原料并粉碎。温度越低，粉碎效率越高，所制备的粉末越细。高分子原材料的性质决定了采用的粉碎温度，例如聚苯乙烯的脆化温度为-30℃，可以适当提高冷冻温度，而PA12的脆化温度为-70℃，必须采用较低的粉碎温度。

深冷冲击法工艺简单，适合工业化连续生产，但需要专业设备，能量消耗大，由于采用破碎机理制备出的粒子形状不规则，粒度大小不均匀，很难一次达到想要的粒度分布，所以需要多次筛分、粉碎之后才能使用。图3-1所示为聚苯乙烯STP1粉末的制备工艺流程。

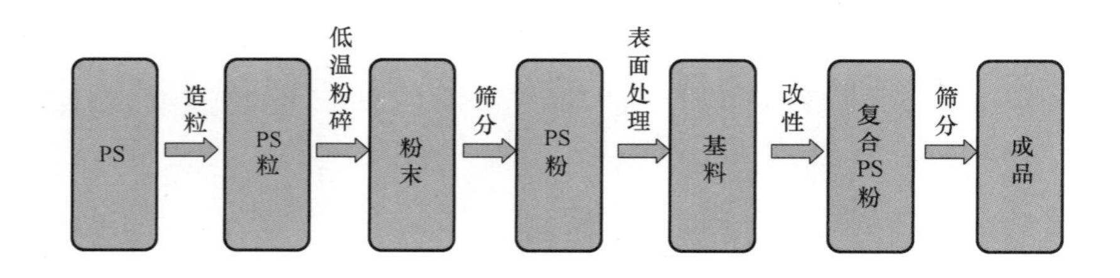

图3-1　聚苯乙烯STP1粉末的制备工艺流程

3.3.2　溶剂沉淀法

溶剂沉淀法是将聚合物溶解在适当的溶剂之中，通过改变温度或加入第二组分等方法使聚合物以粉末状析出。这种方法特别适用于制备能溶于溶剂的高分子材料。一般溶剂沉淀法容易获得形状和粒度都较好的颗粒，但制备工艺较为复杂，对于不同的聚合物所选用的溶剂也有不同。图3-2所示为PA12粉末溶剂沉淀法制备工艺流程。

通过控制溶剂用量、溶解温度、保温时间和搅拌速率就可以控制粒径大小及其分布情况，以制备不同粒径的粉末材料。

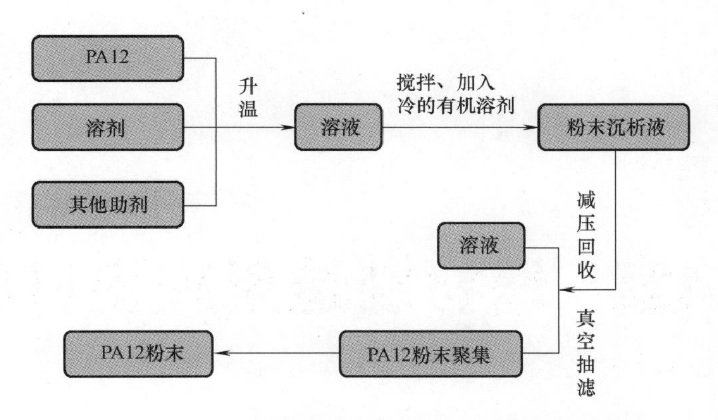

图 3-2　PA12 粉末溶剂沉淀法制备工艺流程

第4章　增材制造用陶瓷材料

陶瓷材料是人类使用的最古老的材料之一，但其在增材制造领域属于比较“年轻”的材料。这是因为陶瓷材料大多熔点很高，甚至无熔点（如 SiC、Si_3N_4），难以利用外部能场进行直接成型，大多需要在成型后进行再处理（烘干、烧结等）才能获得最终的制品，这便限制了陶瓷材料在增材制造领域的推广。然而其有硬度高、耐高温、物理和化学性质稳定等聚合物和金属材料不具备的优点，在航天航空、电子信息、汽车、新能源制造、生物医疗等行业有广泛的应用前景。增材制造的成型方式有更高的结构灵活性，有利于陶瓷的定制化制造或提高陶瓷零件的性能。下面分别以传统陶瓷和先进陶瓷为例，介绍增材制造用陶瓷材料。

4.1　增材制造用传统陶瓷

传统陶瓷主要包括黏土、水泥及硅酸盐玻璃等。传统陶瓷的原料多为天然的矿物原料，分布广泛且价格低廉，适用于日用陶瓷、卫生陶瓷、耐火材料、建筑材料等的制造。传统陶瓷的成型大多需要模具，将增材制造工艺应用于陶瓷或玻璃制品的制造中，可以实现陶瓷制品的定制化，提高附加值，并有可能赋予其独特的艺术价值。

4.1.1　黏土矿物

黏土矿物是应用最为广泛的陶瓷原料，其特性是与水混合之后具有可塑性，这种可塑性是许多常用的成型工艺的基础。将黏土加入适量的水制成可塑性良好的陶泥后，便可以进行增材制造的挤出成型工艺。采用增材制造的挤出成型工艺制造的陶瓷器件能够保留工艺特有的层纹，具有独特的美感。成型后的陶瓷坯体经过烘干、烧结、上釉之后就能得到陶瓷器件。这种工艺和耗材成本不高，适于教育及文化创意行业。

4.1.2　混凝土

在增材制造领域中所使用的混凝土材料比传统混凝土要求更高，例如其在传送和挤出过程中要有足够的流动性，挤出之后要有足够的稳定性，硬化后要有足够的强度、刚度和耐久性等。为了满足增材制造工艺的要求，混凝土浆体必须达到特定的性能要求。首先是可挤出性，在增材制造中，混凝土浆体通过挤出装置前端的喷嘴挤出进行打印，为了在打印过程中不致堵塞，要保证浆体顺利挤出。其次，混凝土浆体要具有较好的黏聚性，一方面，较好的黏聚性可以保证混凝土在通过喷嘴挤出的过程中，不会因浆体自身性能的原因出现间断，避免打印遗漏；另一方面，增材制造工艺是经层层累加而得到最终的产品，因此层与层之间的结合属于3D打印混凝土的薄弱环节，是影响硬化性能的重要因素，而较好的黏聚性可以在最大程度削弱打印层负面的影响。因此，可挤出性和黏聚性可以保证前期的打印和硬化后的性能，却难以保证打印的全程可以顺利进行。

4.1.3　覆膜砂

覆膜砂是铸造中常用的造型材料，但传统的覆膜砂需要借助模具进行成型，模具的形状复杂程度有限且生产成本高，不适合小批量铸件的生产。增材制造技术可以实现铸型（芯）的整体制造，省去了传统铸型（芯）多块拼接的过程，节约时间成本的同时，提高了铸件精度。

采用热固性树脂（如酚醛树脂包覆 ZrO_2、SiO_2、Al_2O_3 和 SiC 的方法制得），利用激光烧结方法，结合后处理工艺，包括脱脂及高温烧结，制得的原型可以直接当作铸造用砂型（芯）来制造金属铸件。其中 ZrO_2 具有更好的铸造性能，尤其适合具有复杂形状的有色合金铸件，如镁、铝等合金铸件，也可以直接制造工程陶瓷制件，烧结后再经热等静压处理，零件最后相对密度高达99.9%，可用于含油轴承等耐磨、耐热陶瓷零件的制作。

4.1.4　玻璃

玻璃是一种非晶态材料，其成型方式与陶瓷材料不同。由于玻璃在成型时处于熔融态，通常以吹制、压制、拉制、辊压或铸造等方式进行成型。较为成功的适合玻璃的增材制造工艺是 FDM 工艺，打印时熔融玻璃储存在高温坩埚中，通过挤出头挤出冷凝成型。该工艺可以制作透光性良好的玻璃制品，但由于目前打印玻璃材料的条件较为苛刻，尚未获得普及。

4.2 增材制造用现代陶瓷

现代陶瓷是一类采用高纯度原料、可以人工调控化学配比和组织结构的高性能陶瓷，相比传统陶瓷在力学性能上有显著提高，并具有传统陶瓷不具备的各种声、光、热、电、磁功能。现代陶瓷从用途上可分为结构陶瓷和功能陶瓷。结构陶瓷常用来制造结构零部件，要求有较高的硬度、韧性、耐磨性和耐高温性；功能陶瓷用来制造功能器件，如压电陶瓷、介电陶瓷、铁电陶瓷、敏感陶瓷和生物陶瓷等。根据化学成分的不同，可将现代陶瓷分为氧化物陶瓷和非氧化物陶瓷等。为了获得更高性能的陶瓷，不仅需要对其成分进行优化改良，也对制造工艺提出了更高的要求。成型作为陶瓷制造中重要的一环，增材制造用现代陶瓷也受到了越来越多研究者的关注。

陶瓷的 SLA 技术最早是从陶瓷的流延成型和凝胶注模技术发展而来，制件精度高、表面质量和性能好，是目前增材制造技术中发展和推广最快的技术，一些公司已经推出了商业化的增材制造设备及配套耗材。氧化物陶瓷物理和化学性质稳定，烧结工艺比较简单，是陶瓷 3D 打印研究最多的材料。适用氧化物陶瓷的增材制造工艺种类也最多，3DP、SLS、FDM、DIW、SLA、SLM、LENS 等工艺均可用于氧化物陶瓷的成型。基于粉体的 3DP 和 SLS 利用液态或低熔点有机黏结剂进行成型，由于得到的素坯致密度较低，在烧结过程中难以实现完全的致密化，多用于成型多孔陶瓷；SLS 与等静压技术结合的工艺和基于浆料的 SLS 工艺都可有效提高素坯的致密度，实现致密氧化物陶瓷的制造。DIW 使用的耗材为适用于挤出的陶瓷膏体，多采用羟基磷灰石、磷酸钙、生物玻璃等生物陶瓷的组织工程支架制造。将经过亲水处理的纳米石英粉末、四乙二醇二甲醚和 PDMS 混合制得适合打印的陶瓷墨水，通过 DIW 打印、干燥和烧结后，可制造出高透明度的石英玻璃。SLA 陶瓷材料以高固含量陶瓷光敏浆料或膏体为主，常用材料有氧化硅、氧化铝、氧化锆、羟基磷灰石、磷酸钙、锆钛酸铅等。SLS、SLM 和 LENS 技术具有一些相同点，均是利用高能激光束烧结或熔化氧化物陶瓷粉末进行成型，但目前这些方法尚不成熟，存在热应力大、制件易产生缺陷、精度较低等问题。

碳化物和氮化物陶瓷是非氧化物陶瓷的代表，具有高温力学性能优异、热稳定性良好、硬度高等优点，但目前碳化物和氮化物是增材制造技术中的难点，主要原因如下：

1）碳化物和氮化物的熔点很高，甚至无熔点，难以采用高能束直接熔化成型。

2）碳化物和氮化物在高温环境下易与氧发生反应生成低温相，影响制件的高温性能。

3）增材制造所使用的大多为有机黏结剂，成型后有机残碳难以完全去除，影响致密化过程。目前较有效的适合碳化物和氮化物的增材制造工艺主要有 SLS、DIW 和 SLA。SLS 是目前研究较多的适合碳化物和氮化物的增材制造工艺。

4.2.1　氧化铝陶瓷

氧化铝陶瓷又称刚玉瓷，是用途最广泛，原料最丰富，价格最低廉的一种高温结构陶瓷。氧化铝陶瓷的原料来源广泛，成本低廉，现已成为陶瓷行业用量最大的原料之一。传统的氧化铝陶瓷制备过程烦琐，工艺复杂，耗时多，而增材制造用陶瓷的出现对传统的陶瓷生产工艺提出了挑战，适合陶瓷的增材制造具有工艺简单，耗时较短，可操作性强的优点。使用增材制造技术生产氧化铝陶瓷，可以大大缩短制备时间，提高制品精度，对于氧化铝陶瓷的发展具有重大意义，可以进一步扩大氧化铝陶瓷的应用领域。

1. 分类与结构

工业上所指的氧化铝陶瓷一般是以 α-Al_2O_3 为主晶相的陶瓷材料。根据 Al_2O_3 含量和添加剂的不同，有不同系列的氧化铝陶瓷，例如根据 Al_2O_3 含量的不同，可分为 75 瓷、85 瓷、95 瓷和 99 瓷等不同牌号；根据其主晶相的不同，可分为莫来石瓷、刚玉莫来石瓷和刚玉瓷；根据添加剂的不同，可分为铬刚玉和钛刚玉等，都各自对应不同的应用范围和使用温度。

Al_2O_3 有许多同质异晶体，变体也有十多种，主要有三种，即 α-Al_2O_3、β-Al_2O_3 和 γ-Al_2O_3。α-Al_2O_3 结构紧密，活性低，高温稳定，电学性能好，具有优良的力学性能，属六方晶系，刚玉结构，$a=4.76$Å，$c=12.99$Å。β-Al_2O_3 属尖晶石型（立方）结构，高温下不稳定，很少单独制成材料使用。γ-Al_2O_3 实质上是一种含有碱土金属和碱金属的铝酸盐，当温度为 1400～1500℃ 时开始分解，在温度为 1600℃ 的环境下转变为 α-Al_2O_3。

2. 粉末制备

氧化铝原料在天然矿物中的存在量仅次于二氧化硅，大部分是以铝硅盐形式存在于自然界中，少量的 α-Al_2O_3 存在于天然刚玉、红宝石、蓝宝石等矿物中。铝土矿石是制备工业氧化铝的主要原料，常使用焙烧法制备氧化铝。在高性能氧化铝陶瓷的制备中，经常采用有机铝盐加水分解法（将铝的醇盐加水分解制得氢氧化铝，再加热煅烧)、无机铝盐的热分解法（用精制硫酸铝、铵明矾、碳酸铝铵盐等通过热分解的方法制备氧化铝粉末)、放电氧化法（将高纯铝粉浸于纯水之中，电极产生高频火花放电，铝粉激烈运动并与纯水反应生成氢氧化铝，经煅烧制得氧化铝）制得高纯度氧化铝粉末。

3. 成型与烧结

氧化铝陶瓷常用的成型方法有模压成型、热压注成型、注浆成型、冷等静压成型、热压成型等，氧化铝陶瓷的烧结温度一般为 1650~1950℃。

4. 性能与应用

氧化铝陶瓷是耐火氧化物中化学性质最稳定、强度最高的一种材料。氧化铝陶瓷与大多数熔融金属不发生反应，只有 Mg、Ca、Zr 和 Ti 在一定温度以上对其有还原作用；热的 H_2SO_4 能溶解 Al_2O_3，热的 HCl、HF 对其也有一定腐蚀作用；氧化铝陶瓷的蒸汽压和分解压都是最小的。由于氧化铝陶瓷优异的化学稳定性，可广泛地用于金属熔炼坩埚、理化器皿、炉管、炉芯、热电偶保护管和各种耐热部件；在化工领域广泛用于耐酸泵叶轮、泵体、泵盖、轴套，输送酸的管道内衬和阀门等。

氧化铝的质量分数高于 95%的氧化铝陶瓷具有优异的电绝缘性和较低的介质损耗特点，在电气电子领域有广阔的应用前景。例如作为微波电解质，雷达天线罩，超高频大功率电子管支架、窗口、管壳、晶体管底座，大规模集成电路基板和元件等。

氧化铝陶瓷的高硬度和耐磨性在机械领域也得到了广泛应用，用氧化铝陶瓷制备的各种耐磨零件在纺织机械中得到了大量应用；采用氧化铝陶瓷可以提高各种工具、模具、拔丝模的耐磨性。氧化铝陶瓷作为刀具的制造材料已有相当长的历史和广泛的市场。

5. 透明氧化铝陶瓷

透明氧化铝陶瓷烧结时在高纯 Al_2O_3 料末（氧化铝质量分数大于 99.9%）中

加入少量 MgO 作为晶粒生长抑制剂，烧结时在 Al_2O_3 颗粒表面形成尖晶石（$MgAl_2O_4$）薄膜阻碍 Al_2O_3 晶粒的过度长大，不易造成晶内气孔，使颗粒间的空隙能充分排除，形成无气孔的致密烧结体，其总透光率可达 96%。现在生产透明氧化铝陶瓷管的主要方法是连续等静压和连续推进式高温钼丝炉氢气条件下烧结，烧结温度为 1700～1900℃，还可以用二次烧结法，在 Al_2O_3 粉末中加入 0.1%～0.5%的 MgO，成型后先在温度为 1000～1700℃ 氧化气氛中烧结 1h，然后在温度为 1700～1950℃ 真空或氢气气氛中烧成。

透明氧化铝陶瓷具有良好的透光性，高温强度高、耐热性好、耐蚀性强（耐强碱和氢氟酸腐蚀）等特点，可制作高压钠灯管，红外检测窗口材料、熔制玻璃的坩埚等（在某些场合可以代替铂金坩埚），还可以用作集成电路基片、高频绝缘材料及结构材料等。

6. 增韧氧化铝陶瓷

为了改善氧化铝陶瓷的韧性和抗热震性，经常在材料中加入其他化合物或金属元素，形成复相氧化铝陶瓷材料。

根据添加剂种类的不同，可以把它分为以下四类：

1）将 Al_2O_3 作为主体、以 MgO、NiO、SiO_2、TiO_2、Cr_2O_3、Y_2O_3 等氧化物作为添加剂，加入添加剂的主要目的是降低烧结温度或达到某些特殊功能方面的要求。

2）以金属 Cr、Co、Mo、W、Ti 等元素作为添加剂。

3）以 WC、TiC、TaC、NbC 和 Cr_3C_2 等碳化物作为添加剂。

4）在 Al_2O_3 或 Al_2O_3+TiC、Al_2O_3+氮化物（如 TiN）、Al_2O_3+硼化物（如 TiB）中加入 SiC 晶须。

复相陶瓷的抗弯强度是氧化铝陶瓷的 1.5～2 倍，这是因为分散的第二相既具有阻止晶粒长大的作用，又可以起阻碍微裂纹扩展的作用，所以复相陶瓷在室温和高温下的强度和韧性均得到提高。

4.2.2　二氧化硅陶瓷

1. 晶体结构

每个 Si 原子与 4 个 O 原子紧邻成键，每个 O 原子与 2 个 Si 原子紧邻成键。晶体中的最小环为十二元环，其中有 6 个 Si 原子和 6 个 O 原子，含有 12 个 Si—O 键；每个 Si 原子被 12 个十二元环共有，每个 O 原子被 6 个十二元环共有，每个

Si—O 键被 6 个十二元环共有；每个十二元环所拥有的 Si 原子数为 $6\times\frac{1}{12}=\frac{1}{2}$，拥有的 O 原子数为 $6\times\frac{1}{6}=1$，拥有的 Si—O 键数为 $12\times\frac{1}{6}=2$，则 Si 原子数与 O 原子数之比为 1∶2。

2. 性能与应用

以石英玻璃为原料，采用陶瓷生产工艺而制造的制品，称为熔融石英陶瓷或石英玻璃陶瓷。熔融石英陶瓷的热膨胀系数为 0.54×10^{-6}/℃，由于热膨胀系数小，所以体积稳定性好。熔融石英陶瓷具有优良的抗热震性，在 1000℃ 与冷水之间的冷热循环大于 20 次而不破裂。它的热传导率特别低，为 2.1W/(m·K)，并且在 1100℃ 以下几乎没有变化，因此是一种理想的隔热材料。熔融石英陶瓷的强度不高，浇注制品室温抗压强度约为 44MPa，但它的强度随温度升高而增加，这是其区别于其他氧化物陶瓷的主要特征。其他氧化物陶瓷在温度从 20℃ 升高到 1000℃ 的环境下，强度降低 60%~70%，而熔融石英陶瓷在此过程中的强度却提高 33%。这是因为熔融石英陶瓷随着温度的升高发生了局部软化，减小了脆性的缘故。熔融石英陶瓷的荷重软化温度为 1250℃，常温电阻率为 1015Ω·cm，是一种很好的绝缘材料。

熔融石英陶瓷有很好的化学稳定性。除氢氟酸及 300℃ 以上的热浓磷酸对其有侵蚀之外，其余如盐酸、硫酸、硝酸等对它几乎没有作用。Li、Na、K、U、Te、Zn、Cd、In、Cs、Si、Sn、Pb、As、Sb、Bi 等金属熔体与熔融石英陶瓷不起作用，熔融石英陶瓷也能耐玻璃熔渣的侵蚀。

由于熔融石英陶瓷具有以上这些优良的性质，所以它的应用领域也十分广泛。例如在化工、轻工中用于制作耐酸、耐蚀容器，化学反应器的内衬，玻璃熔池砖，拱石，流环，柱塞以及垫板、隔热材料等；在炼焦工业中用于制作焦炉的炉门，上升道内衬，燃烧嘴等；在金属冶炼中用于制作熔铝及钢液的输送管道，泵的内衬，盛金属熔体的容器，烧铸口，高炉热风管内衬，出铁槽等。

3. 成型与烧结

熔融石英陶瓷常用注浆法成型。熔融石英坯体烧结的关键是既要使坯体烧结，又要防止方石英的析晶，因为析晶会使陶瓷强度降低、抗热震性变差。烧结温度一般为 1185℃，不超过 1200℃，保温 1~2h。

4.2.3　氧化锆陶瓷

1. 晶体结构

高纯氧化锆（ZrO_2）为白色粉末，含有杂质时略带黄色或灰色。ZrO_2 有三种晶型，低温为单斜晶系 m-ZrO_2，密度为 5.658/cm^3；高温（1170℃）转变为四方晶系 t-ZrO_2，密度为 6.108/cm^3；更高温度（2370℃）下转变为立方晶系 c-ZrO_2，密度为 6.278/cm^3。单斜晶与四方晶之间的转变伴随 7%～9%的体积变化。加热时，单斜晶转变为四方晶，体积收缩；冷却时，四方晶转变为单斜晶，体积膨胀。随着晶型的转变，也有热效应的产生。由于晶型转变引起体积效应，所以用纯 ZrO_2 就很难制造出制件，必须进行晶型稳定化处理。常用的稳定添加剂有 CaO（醇解度为 15～29mol%）、MgO（醇解度为 16～26mol%）、Y_2O_3（醇解度为 7～40mol%）、CeO_2（醇解度>13mol%）和其他稀土氧化物，它们在 ZrO_2 中的溶解度很大，可以和 ZrO_2 形成单斜、四方和立方等晶型的置换型固溶体。这种固溶体可以单独使用，也可以混合使用，通过快冷避免共析分解，以亚稳态保持到室温。快冷得到的立方固溶体保持稳定，不再发生相变，没有体积变化，称为全稳定 ZrO_2。

2. 全稳定 ZrO_2

FSZ（Fully Stabilized Zirconia，全稳定）ZrO_2 陶瓷粉末制备方法包括以下几种：

（1）电熔合成法　使用质量分数为 98%的 ZrO_2，质量分数为 99%的锆英石，按需要配入稳定剂，在电炉中熔融或熔融分解，除去 SiO_2，得到结晶块，经粉碎、分选得到稳定的 ZrO_2 粉末。

（2）碱熔融法　用于制备高纯度 ZrO_2 细粉。在温度为 600～1000℃的环境下加入 NaOH 或 Na_2CO_3，将锆英石熔融生成的锆酸钠经水解形成水合氢氧化物，再用硫酸浸出并纯化，得到浓的锆氧基硫酸盐，加氨水获得沉淀，将析出物在温度为 700～1000℃的环境下煅烧，得到单斜晶 ZrO_2 细粉，纯度大于 99.5%。

（3）高温合成法　将高纯度 ZrO_2 原料与一定量的稳定剂在球磨筒内球磨 8～24h，加入少量黏结剂，在压力为 50～100MPa 的环境下制成压坯块，坯块在温度为 1450～1800℃的环境下保温 4～6h 进行稳定化，稳定化后的坯块经粉碎、球磨、清洗、烘干、过筛，得到各种粒度的粉料。

根据产品性能、形状和大小的不同，可以用不同的工艺方法制造全稳定 ZrO_2 材料。采用注浆、模压和冷等静压成型；在温度为 1650～1850℃ 中性或氧化性气氛中保温 2～4h 烧成。

全稳定 ZrO_2 的熔点为 2715℃，加入醇解度为 15mol% MgO 或 CaO 后熔点为 2500℃。在温度为 0～1500℃ 环境下的热膨胀系数为（8.8～11.8）$\times10^{-6}$/℃，热导率为 1.6～2.03W/（m/℃）。烧结后的全稳定 ZrO_2 含有 5%的气孔，密度为 5.6g/cm^3，莫氏硬度为 7，其弹性模量比氧化铝小很多，约为 170GPa，氧化铝约为 370GPa。全稳定 ZrO_2 是良好的绝缘体，室温电阻率 1013～1014Ω · cm。随着温度的升高，纯 ZrO_2 的电阻率迅速下降，加入稳定剂可进一步降低电阻率。由于其显著的高温离子导电特性，可作为高温（2000℃）用发热元件、高温电极材料（如磁流体发电装置中的电极）等。

全稳定 ZrO_2 的耐火度高，比热和导热系数小，是理想的高温隔热材料，可以用作高温炉内衬，也可作为各种耐热涂层，改善金属或低耐火度陶瓷的耐高温和耐蚀性。全稳定 ZrO_2 的化学稳定性好，高温时仍能抵抗酸性和中性物质的腐蚀，但不能抵抗碱性物质的腐蚀。化学元素周期表中第Ⅴ、Ⅵ、Ⅶ族金属元素与其不发生反应，可以用作熔炼这些金属的坩埚，特别是铂、钯、铷、铑、铱等金属的冶炼与提纯。全稳定 ZrO_2 对钢水也很稳定，可以作为连续铸锭用的耐火材料。此外，利用全稳定 ZrO_2 的氧离子传导特性，可制成氧气传感器，进行氧浓度的检测。

3. 部分稳定 ZrO_2

PSZ（Partly Stabilized Zirconia，部分）稳定 ZrO_2 陶瓷粉末制备方法包括以下几种：

（1）共沉淀法　首先在羟基 ZrO_2 等水溶性锆盐与稳定剂的混合水溶液中加入碱性物质，形成两者的氢氧化物溶胶共沉淀物，然后经过滤、水洗、脱水、干燥（100℃、2h），再经 800℃ 左右煅烧，最后得到粉末的平均粒径为 0.5μm，比表面积为 5.30m^2/g。共沉淀法制得的部分稳定 ZrO_2 粉末，具有高纯度（氧化物总杂质含量小于 0.1%），粉末粒径小，能在较低湿度下进行烧结的特点，烧结体具有较高的强度。

（2）加水分解法　将共沉淀法制得的混合氯化物水溶液煮沸加水分解，得到共沉淀溶胶，该溶胶是析晶的水合 ZrO_2，将溶胶焙烧，得到部分稳定 ZrO_2 粉末。

(3) 热分解法　将铁和稳定剂的混合盐在高温气氛中直接进行喷雾干燥或冻结干燥，然后在温度为800~1000℃的环境下焙烧或采用喷雾燃烧法直接获得超细ZrO_2粉末。

(4) 溶胶凝胶法　首先调节锆盐和稳定剂的混合水溶液的pH值，然后在温度为90~100℃的环境下加热形成凝胶物质，经过滤、脱水、干燥，再在温度为400~700℃的环境下煅烧，可得部分稳定ZrO_2粉末，用该方法可调节晶粒的大小。

(5) 水热法　将锆盐水溶液放入高压釜并在温度为120~200℃水热条件下加热，通过与高压水之间的反应进行加水分解，可直接溶析结晶得到微细粉末。

部分稳定ZrO_2陶瓷粉末经造粒、成型，在温度为1450~1700℃空气或氧化性气氛中烧结，为了防止晶粒长大，尽可能采用较低的烧结温度。温度过低，部分稳定ZrO_3陶瓷粉末成瓷性能差；温度过高，其变形大，晶粒粗大，强韧性下降。部分稳定ZrO_2陶瓷于1975年研制成功，与稳定ZrO_2陶瓷相比，具有高强度（抗弯强度最高为2000MPa），高断裂韧度（$15\sim30\text{MPa}\cdot\text{m}^{1/2}$）和高抗热冲击性。由于部分稳定$ZrO_2$陶瓷具有很好的力学性能，同时热传导系数小，隔热效果好，而热膨胀系数又比较大，所以易与金属部件匹配，在目前研制的陶瓷发动机中用于气缸内壁、活塞、缸盖板、气门座和气门导杆，其中某些部件是与金属复合而成的。此外，部分稳定ZrO_2陶瓷还可用于制作采矿和矿物工业的无润滑轴承，喷砂设备的喷嘴，粉末冶金工业所用的部件，制药用的冲压模，紫铜和黄铜的冷挤和热挤模具泵部件，球磨件等；还可用作各种高韧性、高强度工业用与医用器械，例如纺织工业络筒机用剪刀、羊毛剪，微电子工业用工具（无磁性改锥），此外由于其不与生物体发生反应，也可用作生物陶瓷材料。

4.2.4　碳化硅陶瓷

碳化硅（SiC）陶瓷，又称金刚砂，具有抗氧化性强，耐磨性好，硬度高，热稳定性好，高温强度大，热膨胀系数小，导热率大以及抗热振性和耐化学腐蚀等优良特性。因此，已经在石油化工、机械、航天、核能等领域广泛应用，日益受到人们的重视。例如，SiC陶瓷可作为各类轴承、滚珠、喷嘴、密封件、切削工具、燃气轮机叶片、涡轮增压器转子、反射屏和火箭燃烧室内衬等零件的材料。

SiC陶瓷的优异性能与其独特结构密切相关。SiC是共价键很强的化合物。SiC中Si—C键的离子性仅为12%。因此，SiC强度高、弹性模量大，具有优良的耐磨性。纯 SiC 不会被 HCL、HNO_3、H_2SO_4 和 HF 等酸溶液以及 NaOH 等碱溶液侵蚀。在空气中加热时易发生氧化，但氧化时表面形成的 SiO_2 会抑制氧的进一步扩散，故氧化速率并不高。在导电性能方面，SiC 具有半导体性，少量杂质的引入会表现出良好的导电性。此外，SiC 还有优良的导热性。

SiC 具有 α 和 β 两种晶型。β-SiC 的晶体结构为立方晶系，Si 和 C 分别组成面心立方晶格；α-SiC 存在着 4H、15R 和 6H 等 100 余种多型体，其中，6H 多型体为工业应用最普遍的一种。在 SiC 的多种型体之间存在着一定的热稳定性关系。在温度低于 1600℃时，SiC 以 β-SiC 形式存在。当温度高于 1600℃时，β-SiC 缓慢转变成 α-SiC 的各种多型体。4H-SiC 多型体在温度为 2000℃左右容易生成；15R 和 6H 多型体均需在 2100℃以上的高温环境下才易生成；对于 6H-SiC 多型体，即使温度超过 2200℃，也是非常稳定的。由于 SiC 中各种多型体之间的自由能相差很小，所以微量杂质的固溶也会引起多型体之间热稳定关系的变化。

制造工艺不同，碳化硅的性能形态会产生很大的差异。因此，根据制造工艺的不同，可将碳化硅分为普通烧结碳化硅、热等静压烧结碳化硅（HP-SiC 或 HIP-SiC）、反应烧结碳化硅（RB-SiC）、化学气相沉积碳化硅（CVD-SiC）等。CVD-SiC 与其他工艺制备的 SiC 材料不同，烧结或反应烧结 SiC 通常因包含添加剂而成为两相材料并低于理论密度，例如反应烧结 SiC 包含 Si 和 SiC 两相，故强度不够且在高温环境下易被氧化。

4.2.5 氮化硅陶瓷

1. 结构

氮化硅（Si_3N_4）有 α-Si_3N_4 和 β-Si_3N_4 两种晶型，α-Si_3N_4 是颗粒状结晶体，β-Si_3N_4 是针状结晶体。两者均属于六方晶系，都是由［SiN_4］$^{4-}$四面体共用顶角构成的三维空间网络。β 相是由几乎完全对称的六个［SiN_4］$^{4-}$组成的六方环层在 *Z* 轴方向重叠而成。α 相是由两层不同且有形变的非六方环层重叠而成。由于 α 相结构的内部应变比 β 相大，故其自由能高。

在温度为 1400~1600℃的环境下加热 α-Si_3N_4 会转变成为 β-Si_3N_4。但并不是说 α 相是低温晶型，β 相是高温晶型，α 相对称性低，容易形成，β 相在温度上是稳定的。

氮化硅陶瓷具有高强度、低密度、耐高温等特性，是一种优异的高温工程材料。它的强度可以维持到1200℃的高温而不下降，受热后不会熔成融体，一直到1900℃才会分解，并且具有极高的耐蚀性，同时也是一种高性能电绝缘材料。

2. 性能与应用

氮化硅的力学性能取决于生产工艺和组织状态。由于β-Si_3N_4晶粒呈长条状，所以随β相含量的增加，材料的强度和韧性都有所增加。而β相的含量随氮化硅原粉中α相的增加而增加，因此原粉中α相含量越高，材料韧性也越强。

氮化硅陶瓷材料的断裂源主要是夹杂和孔隙，抗弯强度σ_b和孔隙度P的关系可描述为

$$\sigma_b = 87.1e^{-55.5P}$$

因此，必须尽可能制取无孔或极低孔隙度的产品。

氮化硅热膨胀系数为2.53×10^{-6}/℃，导热系数为18.4W/(m·K)，同时具有高强度，因此抗热震性十分优良，仅次于石英和微晶玻璃。

氮化硅的高温力学性能在很大程度上取决于晶界相。为了改善烧结性能，得到致密的制品，往往要添加烧结助剂。这些烧结助剂在烧结时常常形成液相，冷却后呈玻璃态存在于晶界。晶界滑移对高温强度、蠕变和静态疲劳中的缓慢裂纹长大都有很大的影响。晶界滑移速度同玻璃相的黏度和耐热性有关。MgO、Al_2O_3、Y_2O_3、AlN常作为烧结助剂加入氮化硅中。

氮化硅具有优良的抗氧化性。在温度小于1400℃的干燥氧化气氛中保持稳定，在温度为200℃的潮湿空气中和800℃的干燥空气中，氮化硅与氧反应形成SiO_2保护膜，阻止Si_3N_4继续氧化，这一点与SiC类似。在还原性气氛中Si_3N_4的最高使用温度为1870℃。

氮化硅有优良的化学稳定性，除氢氟酸外，能耐所有的无机酸和某些碱液、熔融碱和盐的腐蚀。因此，氮化硅在化学工业中用作耐蚀性、耐磨性零件材料，如球阀、泵体、密封环、过滤器、热交换器部件、蒸发皿、管道、热气阀、燃烧机汽化器等。

氮化硅对多数金属、合金熔体，特别是非铁金属熔体是稳定的，不受Zn、Al、钢铁熔体的侵蚀，因此可作为铸造容器，输送液态金属的管道、阀门、泵体、热电偶保护套以及冶炼用的坩埚和舟皿材料。在航天工业中，氮化硅可用作火箭喷嘴、喉衬和其他高温结构部件的材料。在机械工业中，氮化硅可用作涡轮叶片、高温轴承、切削工具等材料。在半导体工业中，氮化硅可用作熔化、区域提纯、晶体生长用的坩埚、舟皿以及半导体器件的掩蔽层材料。

氮化硅的硬度高，仅次于金刚石、CBN、SiC等少数几种超硬材料。其摩擦因数小，有自润滑能力，室温电阻高，因此在电子、军事和核工业上用作开关电路基片、薄膜电容器、高温绝缘体、雷达天线罩、原子反应堆的支承件、隔离件和裂变物质的载体等材料。

3. 制备工艺

氮化硅粉末的制备方法：硅粉直接氮化、硅石（SiO_2）还原氮化、$SiCl_4$ 或 SiH_4 与 NH_3 气相合成。

氮化硅制品的制造方法：反应烧结、常压烧结、热压烧结、重烧结、气压烧结、热等静压烧结、超高压烧结、化学气相沉积等。

4.3 陶瓷粉体制备工艺

4.3.1 机械破碎法粉体制备工艺

传统的粉体制备工艺就是机械破碎法，具有生产量大，成本低的优点，但不足之处是杂质混入不可避免。随着现代陶瓷的发展，各种反应合成法得以应用，合成法具有粉体纯度高、粒度小、成分均匀的优点，但成本高。

以机械力使原材料变细的方法在陶瓷工业中的应用极为广泛。将陶瓷原料进行破碎有利于提高成型坯体质量和致密程度，并有利于烧结过程中各种物理和化学反应的顺利进行，降低烧成温度。

1. 颚式破碎机

颚式破碎机是陶瓷工业生产经常采用的一种粗碎设备，主要用于块状料的前级处理。该设备结构简单，操作方便，产量高。但颚式破碎机的粉碎比不大，进料块一般很大，因此出料粒度一般都较大，而且粒径的调节范围较小。

2. 辊式破碎机

辊式破碎机的优点在于粉碎效率高，粉碎比大（>60），粒径较小（通常可达到44μm）。但当细磨硬质原料时，由于轧辊转速高，磨损大，使得粉料中混入较多的铁，影响原料纯度，要求后续去铁。由于设备的特点，其粉料粒度分布比较窄，只适用于处理有粒度分布要求的原料。

3. 轮碾机

轮碾机是陶瓷工业化生产经常采用的一种破碎设备，也可用于混合物料。

在轮碾机中，原料在碾盘与碾轮之间的相对滑动及碾轮的重力作用下被研磨和压碎。碾轮越重、尺寸越大，粉碎力越强。为了防止铁生锈，经常采用石质碾轮和碾盘。轮碾机的粉碎比大（约为10），轮碾机处理后的原料有一定的颗粒，要求的粒度越细，生产能力越低。也可采用湿轮碾的方法在轮碾机上制备原料。

4. 球磨机

球磨机是工业生产普遍使用的细碎设备，也可用于混料。为了保证原材料的纯度，经常采用陶瓷作为衬里，也可采用高分子聚合物作为衬里，并以各种陶瓷球作为研磨球。湿磨采用的介质对原料表面的裂缝有劈裂作用，间歇式湿磨的粉碎效率比干磨高，湿磨所得到的粉料粒径可达几微米。

（1）球磨机转速对球磨机效率的影响　球磨机转速直接影响磨球在磨筒内的运动状态。球磨机转速过快，磨球附着在磨筒内壁，失去粉碎作用；球磨机转速太慢，低于临界转速太多，磨球在磨筒内上升高度很低就落下来，粉碎作用很小；当球磨机的转速适当时，磨球紧贴在筒壁上，经过一段距离，磨球离开筒壁下落，给粉料以最大的冲击与研磨作用，粉碎效率较高。球磨机的临界转速与球磨筒直径有关，球磨筒直径越大，球磨机的临界转速越小。它们之间的关系可用下式表示：

$$D>1.25\mathrm{m},\ N=35/D^{1/2}$$

$$D<1.25\mathrm{m},\ N=40/D^{1/2}$$

式中　N——接近临界转速的工作转速（r/min）；

D——磨筒有效内径（m）。

（2）磨球对球磨机效率的影响　球磨时加入的磨球越多，破碎效率越高，但过多的磨球将占据有效空间，导致整体效率降低。磨球的大小和级配与磨筒直径有关，可用下列公式计算：

$$D/24>d>90d_0$$

式中　D——磨筒直径（m）；

d——磨球最大直径（mm）；

d_0——原料粒径（μm）。

磨球的比表面积越大，研磨效率越高，但磨球直径也不能太小，必须兼顾磨球对原料的冲击作用。此外，磨球的密度越大，球磨效果越好。

（3）水与电解质的加入量对球磨机效率的影响　湿磨时水的加入对球磨效率

也有影响。根据经验，当料/水=1/(1.16~1.2) 时，球磨效率最高。为了提高效率，还可加入电解质使原料颗粒表面形成胶黏吸附层，对颗粒表面的微裂缝有劈裂作用，提高破碎效率。例如，加入溶剂体积分数 0.5%~1%亚硫酸纸浆废液或 $AlCl_3$ 可将球磨效率提高 30%。

（4）装载量对球磨机效率的影响　通常装料总量占磨筒空间的 4/5，原料、磨球、水的重量比为 1∶(1.2~1.5)∶(1.0~1.2)。

此外，原料原始颗粒度以及加料的先后顺序对球磨机效率也有影响。

5. 气流磨

气流磨或气流粉碎机可得到粒径为 0.1~0.5μm 的微粉，工作原理是：压缩空气通过喷嘴在空间形成高速气流，使粉体在高速气流中相互碰撞达到粉碎的目的。气流粉碎机破碎的粉料粒度分布均匀，粉碎效率高，能保证粉料纯度，可在保护气体中粉碎。

6. 振动磨

振动磨是利用磨球在磨机中做高频振动将原料破碎，磨球除了有激烈的循环运动，还有激烈的自转运动，对原料有很大的研磨作用，湿磨时粉料粒径可达 1μm。同时振动也能使原料本身存在的缺陷遭到破坏，达到粉碎的目的。振动磨具有很高的破碎效率。振动磨的振动频率一般为 50~100Hz，装载系数干磨时为 0.8~0.9，湿磨时为 0.7，磨球与粉料的重量比为 8∶10。

4.3.2 固相法制备陶瓷粉体

固相法利用固态物质间发生的各种固态反应制取粉末。在制备陶瓷粉体原料中常用的固态反应包括化合反应、热分解反应和氧化物还原反应，但这几种反应在实际工艺过程中经常同时发生。使用固态法制备的粉末有时不能直接作为原料使用，需进一步粉碎。

1. 化合反应

钛酸钡：$BaCO_3+TiO_2 \rightarrow BaTiO_3+CO_2$

尖晶石：$Al_2O_3+MgO \rightarrow MgAl_2O_4$

莫来石：$3Al_2O_3+2SiO_2 \rightarrow 3Al_2O_3+2SiO_2$

2. 热分解反应

许多高纯氧化物粉末可以采用加热相应金属的硫酸盐和硝酸盐的方法，通过热分解制得性能优异的粉末，例如铝的硫酸铵盐在空气中加热，可以得到性能优异的氧化铝粉末。

3. 氧化物还原反应

碳化硅和氮化硅是十分重要的现代工程陶瓷材料，对于这两种陶瓷原料粉末的制备，在工业上经常采用氧化物还原法。

碳化硅：$SiO_2+3C \rightarrow SiC+2CO$

硅：$SiO_2+2C \rightarrow Si+2CO$

氮化硅：$3SiO_2+6C+4N_2 \rightarrow 2Si_3N_4+6CO$

4. 元素反应

碳化硅：$Si+C \rightarrow SiC$

碳化硼：$4B+C \rightarrow B_4C$

4.3.3　液相法制备陶瓷粉体

使用液相法生产的超微粉已在现代陶瓷材料的制造中得到了广泛的应用。液相法制备陶瓷粉末的主要优点在于能更好地控制粉末化学成分，在更高的（离子）水平上获得混合均匀的多成分复合粉末，并有利于微量成分的添加。

1. 沉淀法

沉淀法的基本工艺路线是在金属盐溶液中施加或生成沉淀剂，并使溶液挥发，对得到的盐和氢氧化物加热分解获得需要的陶瓷粉末。这种方法能很好地控制组成，合成多元复合氧化物粉末，很方便地添加微量成分，使之得到很好的均匀混合物，但必须严格控制操作条件。沉淀法分为直接沉淀法、均匀沉淀法和共沉淀法。

钛酸钡微粉可以采用直接沉淀法合成。将 $Ba(OC_3H_7)_2$ 和 $Ti(OC_5H_{11})_4$ 溶解在异丙醇或苯中，加水水解，得到颗粒直径为 5~10nm 的结晶良好的化学计量钛酸钡（$BaTiO_3$）微粉，通过水解过程消除杂质，可显著提高粉料的化学纯度（>99.98%），采用这种粉料比用一般原料制得制品的介电常数要高得多。

钛酸钡微粉也可以采用共沉淀法合成，得到混合均匀的高纯粉料。将氯化钡（$BaCl_2$）和四氯化钛（$TiCl_4$）均匀混合，得到原子尺度上的混合，一边搅拌，一边逐滴加入草酸溶液，得到 $BaTiO(C_2H_2)_2 \cdot 4H_2O$，经低温加热分解，得到具有化学计量组成且烧结性能良好的超微粒子。

2. 醇盐水解法

采用这种方法能制得高纯度的粉料，粉料颗粒直径从几纳米到几十纳米，化学组成均匀。钛酸钡微粉可用这种方法制取。

四方氧化锆中稳定剂（Y_2O_3、CeO_2 等）的加入具有决定性的作用，为得到均匀弥散的分布，一般采用醇盐加水分解法制备粉料。把锆或锆盐与乙醇一起反应合成锆的醇盐 $Zr(OR)_4$，使用同样的方法合成钇的醇盐 $Y(OR)_3$，把两者混合于有机溶剂中，加水使其分解，将水解生成的溶胶洗净、干燥，并在温度为850℃的环境下燃烧得到粉料。根据不同水解条件可得到从几纳米到几十纳米化学组成均匀的复合氧化锆粉料，由于金属醇盐水解不需添加其他离子，所以能获得高纯度粉料。

3. 溶胶-凝胶法

将金属氧化物或氢氧化物的溶胶加以适当调整，首先在温度为90~100℃的环境下加热形成凝胶物质，再经过滤、脱水、干燥，然后在适当的温度条件下燃烧，最后制得高纯度超细氧化物粉末。采用这种方法制得的 ThO_2 烧结性能良好，可在1150℃的较低温度下进行烧结，所得制品致密程度可达99%。溶胶-凝胶法也经常直接用于许多表面膜和复合材料的制备。

4. 水热法

把锆盐等的水溶液放入高压釜中加热，通过与高压水的反应进行水解，可直接析出晶体，得到纳米级的 ZrO_2 超细粉。

5. 喷雾法

采用液相法制取陶瓷细粉或超细粉工艺过程中所得到的粉料沉淀物或胶体经常需要水洗、过滤、干燥、煅烧，这些工艺过程直接影响粉料成分的均匀性、颗粒大小以及形状。

采用喷雾的方法将溶液分散成小滴，使组分偏析程度达到最小，并使溶剂迅速蒸发，得到具有均匀形状与尺寸的粉料。根据干燥方法的不同，可将喷雾法分为冷冻干燥法、喷雾干燥法以及喷雾热分解法。

冷冻干燥法：将金属盐的水溶液喷到低温有机液体中，使液滴瞬间冰冻，然后在低温降压条件下升华、脱水，再通过热分解制得粉料。采用这种方法能制得组成均匀，反应性和烧结性良好的微粉。在采用这种方法时，干燥过程不会造成冰凉液体的收缩，生成粉料的比表面积大，表面活性高。

喷雾干燥法：将金属盐的水溶液分散成小液滴喷入热风中，并使之迅速干燥得到 β-Al_2O_3 和铁氧体粉料，制备烧结体后具有较细的晶粒。这种方法也是一种广泛使用的制粉方法。

喷雾热分解法：将金属盐的溶液喷入高温气氛中，引起溶剂蒸发和金属盐的热分解直接合成氧化物粉料的方法，又称雾热焙烧法、火焰雾化法、溶液蒸发分解法（EDS）。喷雾热分解法可以把溶液喷到加热的反应器中，也可直接喷到高温火焰中。金属盐的溶剂经常采用可燃的，如乙醇，以利用其燃烧热。喷雾热分解法不仅具备冰冻干燥法和喷雾干燥法的优点，还可以用于后续热分解过程中产生熔融金属盐的情况。

4.3.4　气相法制备陶瓷粉体

气相法制备陶瓷粉料的方法有蒸发-凝聚法（PVD）和气相沉积法（CVD）两种。

蒸发-凝聚法是将原料用电弧或等离子体加热至气化，然后在加热源和环境之间很大的温度梯度条件下急冷，凝聚成粉状颗粒，颗粒尺寸可达 5~100nm。该方法适用于制备单相氧化物、复合氧化物、碳化物和金属微粉。

气相沉积法是采用挥发性金属化合物蒸气通过化学反应合成所需物质的方法。气相沉积法可分为两类：一类为单一化合物的热分解；另一类为两种以上化学物质之间的反应。

气相沉积法制备陶瓷粉料的特点如下：

1）生成粉料纯度高、无须粉碎。

2）生成粉料的分散性良好。

3）颗粒直径分布窄。

4）容易控制气氛。

5）适用于制备多种不同的陶瓷粉料。

$TiCl_4+O_2 \rightarrow TiO_2+2Cl_2$

$SiCl_4+O_2 \rightarrow SiO_2+2Cl_2$

$3SiCl_4+4NH_3 \rightarrow Si_3N_4+12HCl$

$3SiH_4+4NH_3 \rightarrow Si_3N_4+12H_2$

$SiCl_4$、SiH_4 与 CH_4、C_3H_8等反应生成 β-SiC。

$SiCH_3Cl_3$、$Si(CH_3)_2Cl_2$、$Si(CH_3)_4$热解生成 SiC。

4.4 陶瓷粉体的表征与测量

4.4.1 粉体的表征

1. 颗粒大小与形状

如果要确定一个球形颗粒其颗粒的大小，很自然要测量其直径。如果摆放着一些其他形状的颗粒，合理的办法是根据一些特性把颗粒等效为一个球形颗粒，以解决这一难题。颗粒的尺寸便是这个球的直径。多数熟知的等效方式是采用几何的方法，例如等效体积直径和等效表面积直径。其他的等效方式可能是由其特性而来，如以同样速率沉降的同密度的球定义为等效沉降直径。一般颗粒大小的测量基于这样的途径：按照某一方面的特性，定义颗粒的大小为相应的球形颗粒的直径。

以符号 x 表示颗粒大小，角标表示采用的等效直径，x_v 表示等效体积直径，x_s 表示等效面积直径，x_W 表示等效沉降直径，x_n 表示等效筛分直径。

形状因子是表示颗粒形状的无量纲参数，只取决于颗粒的形状，而与颗粒大小无关。颗粒沃德尔（Wadell）球形度因子定义为

$$\Psi = \text{相同体积球的表面积/颗粒的表面积（定义）} = (x_v/x_s)^2$$

（事实上）

该参数对任何非球形的颗粒都小于 1。

2. 颗粒尺寸分布

确定单个颗粒的尺寸后，接下来将表征粉末样品的颗粒尺寸分布。通常颗粒分布用个数分布或重量分布来确定。一般信息可以通过图形方式显示，可采用直方图的形式，也可采用连续曲线的形式。累积分布曲线是最常用的，因为用这种形式曲线可以更容易地修改和归一化。曲线可以被选择成小于某颗粒尺寸或大于某颗粒尺寸的分布，这通常取决于分布的最大尺寸和最小尺寸。为了给出较小颗粒尺寸恰当的有效位数，颗粒尺寸参数的坐标通常选用对数坐标。双峰分布或多峰分布采用连续曲线的形式。

4.4.2 粒度的测试

粉体颗粒的大小称为粒度。由于颗粒形状通常很复杂，难以用一个尺度来表

示，所以常用等效度的概念、不同原理的粒度仪器，依据不同颗粒的特性做等效对比。

目前粒度分析主要有电镜观察法沉降法、激光粒度分析法和电超声粒度分析法、库尔特粒度仪几种典型的方法。常用于测量纳米颗粒的方法有以下几种：

1. 电镜观察法

一次粒度的分析主要采用电镜观测法，可以采用扫描电镜（SEM）和透射电镜（TEM）两种方式进行观测。电镜观测法可以直接观测颗粒的大小和形状，但可能有统计误差。由于电镜法是对样品局部区域的观测，所以在进行粒度分布分析时需要多幅照片的观测，通过软件分析得到统计的粒度分布。电镜法得到的一次粒度分布结构一般很难代表实际样品颗粒的分布状态，对一些强电子束轰击下不稳定，甚至分解的超微粉体样品很难得到准确的结构。因此，电镜法一次粒度检测结果通常作为其他分析方法的对比。

2. 激光粒度分析法

目前，在颗粒粒度测量仪器中，激光衍射式粒度测量仪得到广泛应用。其特点是测量精度高、测量速度快、重复性好，可测粒径范围广，可进行非接触测量等，可用于测量超微粉体的粒径等。还可以结合气体吸附（BET）法测定超微粉体的比表面积和团聚颗粒的尺寸及团聚度等，并进行对比和分析。

激光粒度分析原理是：激光是一种电磁波，它可以绕过障碍物，并形成新的光场分布，称为衍射现象。例如，平行激光束照在直径为 D 的球形颗粒上，在颗粒后得到一个圆斑，称为艾里斑。颗粒大小 D 可由下式求出：

$$d=2.44\lambda f/D$$

式中　λ——激光波长；

　　　f——透镜焦距。

3. 沉降法

沉降法是通过颗粒在液体中沉降速度来测量粒度分布的方法，主要有重力沉降式和离心沉降式两种光透沉降粒度分析方式，适合纳米颗粒的分析主要是离心沉降式分析方法。颗粒在分散介质中，由于重力或离心力的作用发生沉降，其沉降速度与颗粒大小和质量有关，颗粒大的沉降速度快，颗粒小的沉降速度慢，在介质中形成一种分布。颗粒的沉降速度与颗粒粒径之间的关系遵从斯托克斯定律，即在一定条件下颗粒在液体中的沉降速度与粒径的平方成正比，与液体的黏度成反比。沉降式粒度仪所测的粒径也是一种等效粒径，称为斯托克斯直径。

4. 电超声粒度分析法

电超声粒度分析是新出现的粒度分析方法，当声波在样品内部传导时，仪器能在一个宽范围超声波频率内分析声波的衰减值，通过测得的声波衰减谱计算出衰减值与粒度的关系。分析中需要粒子和液体的密度、液体的黏度、粒子的相对质量分数等参数，对乳液和胶体中的柔性粒子还需要粒子的热膨胀参数。此方法的优点是可测量高浓度分散体系和乳液的特性参数（包括粒径、电位势等），不需要稀释，避免了激光粒度分析法不能分析高浓度分散体系粒度的缺陷，并且精度高，粒度分析范围更广。

5. 库尔特粒度仪

库尔特粒度仪也称库尔特计数器，可以测量悬浮液中颗粒大小和个数。其原理为悬浮于电解质中的颗粒通过小孔时可以引起电导率的变化，其变化峰值与颗粒大小有关。此方法适用于对颗粒计数的场合，如水中的悬浮颗粒。由于库尔特计数器测定的是颗粒体积，可换算成粒径，所以它可以同时测量出体积与直径。

第5章　增材制造用液态光敏树脂

光敏（Ultraviolet Rays，UV）树脂是由聚合物单体与预聚体组成，其中加有光（紫外光）引发剂（或称为光敏剂）。在一定波长（250~300nm）的紫外光照射下能立刻引起聚合反应完成固化。光敏树脂一般为液态，可作为高强度、耐高温、防水材料。通常所提到的增材制造用光敏树脂大多为环氧树脂。

5.1　光敏树脂材料概述

用于 SLA 工艺的光敏树脂和普通的光固化预聚物基本相同，但由于 SLA 工艺所用的光源是单色光，不同于普通的紫外光，同时对固化速率又有更高的要求，所以用于 SLA 工艺的光敏树脂一般应具有以下特性：

1. 黏度低

光固化工艺是根据数字模型，以树脂为原料，经增材制造设备一层层叠加制成零件。当完成一层后，由于液态光敏树脂表面张力大于固态树脂表面张力，液态树脂很难自动覆盖已固化的固态树脂的表面，所以必须借助自动刮板将树脂液面刮平涂覆一次，而且只有待液面流平后才能加工下一层。这就需要树脂有较低的黏度，以保证其较好的流平性，便于操作。树脂黏度一般要求在 600cP（30℃）以下。

2. 固化收缩小

液态树脂分子间的距离是范德瓦耳斯力作用距离，距离为 0.3~0.5nm。固化后，分子发生交联，形成网状结构分子间的距离转化为共价键距离，距离约为 0.154nm，显然固化前后分子间的距离减小。分子间发生一次加聚反应，距离就要减小 0.125~0.325nm。虽然在化学变化过程中，C ═ C 转变为 C—C，键长略有增加，但对分子间作用距离变化的贡献是很小的。因此，固化后必然出现体积收缩。同时，固化前后由无序变为较有序，也会出现体积收缩。收缩对成型模型实体十分不利，会产生内应力，容易引起模型实体变形，产生翘曲、开裂等，严重影响零件的精度。因此，开发低收缩的树脂是目前 SLA 工艺面临的主要问题。

3. 固化速率快

一般成型时以每层 0.1~0.2mm 厚度进行逐层固化，完成一个零件要固化百至数千层。因此，如果要在较短时间内制造出实体，固化速率是非常重要的。激光束对一个点进行曝光的时间仅为微秒至毫秒的范围，几乎相当于所用光引发剂的激发态寿命。低固化速率不仅影响固化效果，同时也直接影响着增材制造设备的工作效率，很难适用于商业化生产。

4. 溶胀小

在模型实体成型过程中，液态树脂一直覆盖在已固化的部分零件上面，能够渗入固化件内而使已经固化的树脂发生溶胀，造成零件尺寸发生增大。只有减小树脂的溶胀，才能保证模型实体的精度。

5. 高的光敏感性

由于 SLA 工艺采用的是单色光，这就要求光敏树脂与激光的波长必须匹配，即激光的波长尽可能在光敏树脂的最大吸收波长附近。同时光敏树脂的吸收波长范围应窄，这样可以保证只在激光照射的点上发生固化，从而提高零件的制作精度。

6. 固化程度高

通过减少后固化成型模型实体的收缩率，从而减少零件后固化变形。

7. 湿态强度高

较高的湿态强度可以保证后固化过程不产生变形、膨胀及层间剥离。

5.2 光敏树脂材料的分类

1. 自由基光固化树脂

自由基光固化树脂主要有三类：第一类为环氧树脂丙烯酸酯，该类材料聚合快、原型强度高，但脆性大且易泛黄；第二类为聚酯丙烯酸酯，该类材料流平性和固化性好，性能可调节；第三类材料为聚氨酯丙烯酸酯，该类材料生成的原型柔顺性和耐磨性好，但聚合速度慢。稀释剂包括多官能度单体与单官能度单体两类。此外，常规的添加剂还有阻聚剂、UV 稳定剂、消泡剂、流平剂、光敏剂、天然色素等。其中的阻聚剂特别重要，因为它可以保证液态树脂在容器中保持较长的存放时间。

自由基光固化树脂是最早实现商品化应用的光敏树脂，目前增材制造领域应用最多的光敏树脂也是自由基型的。该树脂采用丙烯酸酯预聚体+自由基型光引发剂聚合得到。光引发剂在紫外光的作用下分解出自由基，自由基引发丙烯酸酯的双键断裂，从而引发双键之间的相互聚合，成为相对分子质量较大的聚合物。自由基光固化树脂的主要优点是：固化速度快，光敏剂品种多从而选择性多，但存在聚合时体积收缩大，产品内部应力大，易翘曲变形等问题，严重限制了光敏树脂在一些对工件精度要求高的领域的应用。因此，降低自由基光固化树脂的体积收缩一直是该领域的研究热点。

2. 阳离子光固化树脂

阳离子先固化树脂的主要成分为环氧化合物。用于光固化工艺的阳离子型低聚物和活性稀释剂通常为环氧树脂和乙烯基醚。环氧树脂是最常用的阳离子型低聚物，其优点为固化收缩率小。预聚物环氧树脂的固化收缩率为 2%～3%，而自由基光固化树脂的预聚物丙烯酸酯的固化收缩率为 5%～7%。阳离子聚合物是活性聚合，在光熄灭后可继续引发聚合。氧气对自由基聚合有阻聚作用，而对阳离子树脂无影响，黏度低，生坯件强度高，产品可以直接用于注射模具。

3. 混杂型光固化树脂

目前使用混杂型光固化树脂较多，其优点主要有以下几点：

1）环状聚合物进行阳离子开环聚合时，体积收缩很小，甚至产生膨胀，而自由基体系总有明显的收缩。混杂型体系可以设计成无收缩的聚合物。

2）当系统中有碱性杂质时，阳离子聚合的诱导期较长，而自由基聚合的诱导期较短，混杂型体系可以提供诱导期短而聚合速度稳定的聚合系统。

3）在光照消失后阳离子仍可引发聚合，故混杂型体系能克服光照消失后自由基迅速失活而使聚合终结的缺点。

5.3　光敏树脂材料的组成

用于光固化快速成型的材料为液态光敏树脂，主要由低聚物、光引发剂和稀释剂组成。

1）低聚物是光敏树脂的主体，是一种含有不饱和官能团的基料，它的末端有可以聚合的活性基团，一旦有了活性种，就可以继续聚合长大，一经聚合，相对分子质量上升极快，很快就可成为固体。

2）光引发剂是激发光敏树脂交联反应的特殊基团，当受到特定波长的光子作用时，会变成具有高度活性的自由基团，作用于基料的高分子聚合物，使其产生交联反应，由原来的线型聚合物变为网体型聚合物，从而呈现为固态。光引发剂的性能决定了光敏树脂的固化程度和固化速度。

3）稀释剂是一种功能性单体，结构中含有不饱和双键，如乙烯基、丙烯基等，可以调节低聚物的黏度，但不容易挥发，并且可以参加聚合。稀释剂一般分为单官能度、双官能度和多官能度。

4）其他助剂。例如填料、流平剂、阻聚剂、光稳定剂、防沉降剂和表面活性剂等。

5.4 光敏树脂材料固化机理

当光敏树脂中的光引发剂被光源（特定波长的紫外光或激光）照射吸收能量时，会产生自由基或阳离子，自由基或阳离子使单体和活性低聚物活化，从而发生交联反应而生成高分子固化物。由于低聚物和稀释剂的分子上一般都含有两个以上可以聚合的双键或环氧基团，所以聚合得到的不是线型聚合物，而是一种交联的网体型结构，其过程可以表示为

$$\text{PI（光引发剂）}\xrightarrow[\text{或激光}]{\text{紫外光}}\text{P}^{*}\text{（活性种）}$$

$$\text{低聚物+单体}\xrightarrow{\text{P}^{*}}\text{交联高分子固体}$$

下面分别介绍自由基体系、阳离子光固化体系和混杂聚合体系的聚合过程。

1. 自由基体系

自由基聚合反应是光敏树脂固化中最常见的反应类型。首先自由基引发剂在紫外光作用下发生短链或脱氢反应产生自由基活性中心，然后单体或低聚物上的双键不断加成到自由基活性中心，发生类似暴聚的反应而固化。其反应包括以下三个阶段：链引发、链增长和链终止。首先光引发剂在一定波长的光的照射下从

基态跃迁至激发态，产生活性初级自由基。初级自由基与单体加成，形成单体自由基并与下一个单体或低聚物分子反应生成新的自由基。由于新自由基仍具有高活性，所以可继续与其他单体或聚合物合成重复单元更多的链自由基，最终生成大分子。活性自由基最终以偶合方式和歧化方式相互作用而终止。

自由基体系收缩的化学反应机理：从化学反应过程来讲，光敏树脂的固化过程是从小分子向长链或网体型大分子的转变过程，其分子结构发生了很大变化，因此在固化过程中的收缩是必然的。光敏树脂的收缩主要由固化收缩造成。固化收缩产生体积收缩的主要原因是单体或低聚物官能度大造成原本聚合完成的聚合物之间再次聚合，分子被“拉紧”导致体积收缩的产生。体积收缩会导致成品精度大幅度降低。这里用图 5-1 表示自由基体系树脂发生聚合固化反应时的收缩现象。

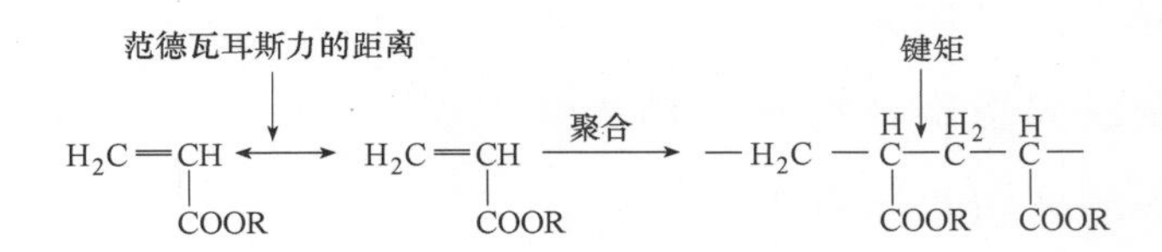

图 5-1　单体聚合期间分子距离变化

光敏树脂材料固化收缩而引起的翘曲变形可以从以下两点来分析：

1）单体的官能度通过上面固化过程可知，单体的官能度越高，引起的固化收缩越严重。

2）低聚物和单体比例。由于低聚物相对于单体来说分子量要大得多，所以从官能团浓度来讲，低聚物官能度远小于单体官能度。因此，原料中单体比例越大，固化收缩越严重，产品的翘曲变形越厉害。

2. 阳离子光固化体系

阳离子体系下进行的光固化是阳离子反应机理条件下发生的，引发剂在与本身所需波长光的照射下生成活性中心，阳离子再引发单体进行聚合。阳离子引发体系的特点是光照跃迁产生活性分子并脱氢产生路易斯酸。酸的强弱是聚合的关键，酸性不强，会导致相应的阴离子亲核性相对较大，容易与碳正离子中心结合而阻止聚合。与自由基体系相比，阳离子光固化体系具有聚合完成后可在无光条件下继续反应，无氧阻，固化速率慢，受湿度影响大的特点。

3. 混杂聚合体系

混合聚合体系大致包括两类：一是丙烯酸酯和环氧化合物组成的混杂体系，二是丙烯酸酯和乙烯基醚类组成的混杂体系。混杂聚合体系结合了自由基光固化体系与阳离子光固化体系各方面的优点，产品收缩率明显减小。

5.5 光敏树脂的收缩

树脂在固化过程中都会发生收缩，通常线收缩率为3%。从高分子化学角度讲，光敏树脂的固化过程是从短的小分子体向长链大分子聚合体转变的过程，其分子结构发生很大变化，因此固化过程中的收缩是必然的；从高分子物理学方面来解释，处于液体状态的小分子之间为范德瓦耳斯力的距离，而固体态的聚合物的结构单元之间处于共价键距离，共价键距离远小于范德瓦耳斯力的距离，因此液态预聚物固化变成固态聚合物时，必然会导致零件的体积收缩。

降低光敏树脂的体积收缩有以下措施：

1）加入无机粉末或加入不参与反应的惰性树脂或加入具有膨胀性的单体。惰性树脂目前比较常用的有醛酮树脂、高分子量环氧树脂、松香树脂、氯醋树脂等，其作用原理与采用无机粉末填充法类似，利用这些填料本身不参与反应也不发生反应的特性降低体积收缩，相比无机粉末填料，这些惰性树脂与光敏树脂的相容性大大提高，对整个体系的性能影响小，稳定性好，但是惰性树脂相容性不及无机粉末填料好。目前可以选择的惰性树脂种类并不多，而且并不适合所有的光敏树脂体系。

2）加入具有膨胀性能的单体。具备膨胀性能的单体种类少，价格高，大量应用受到限制。现有的三维快速成型技术是利用特定波长的光源对光敏树脂进行照射后固化，以此获得需要的模型。该光敏树脂由低聚物、光引发剂和稀释剂组成，其常温下一般为液态，可用于制造高强度、耐高温防水材料。用于固化的光源为一定波长（250~300nm）的紫外光，通过照射光敏树脂来固化。该系统在制造模型的过程中，会产生未固化的液态光敏树脂废液。该树脂通过导管流到该系统的废料容器，当废料达到特定的重量时，再将其取出，作为垃圾处理。该树脂在液态时为有害物质，这种液态不是最好的垃圾存放形式，须注意不妥当的处理方式是被禁止的。

5.6　光敏树脂的合成

1. 不饱和聚酯

$$\text{(马来酸酐)} + \text{(邻苯二甲酸酐)} + HO{-}R{-}OH \longrightarrow$$

$$\sim\!O{-}R{-}O{-}\overset{O}{\overset{\|}{C}}{-}CH{=}CH{-}\overset{O}{\overset{\|}{C}}{-}O{-}R{-}O{-}\overset{O}{\overset{\|}{C}}{-}C_6H_4{-}\overset{O}{\overset{\|}{C}}{-}O{-}R{-}O\!\sim$$

合成方法：将二元醇、二元酸和适量的阻聚剂加入到反应器中，通入氮气，搅拌升温到160℃回流，调节酸值到200mgKOH/g左右，开始出水，升温到175～200℃，当酸值达到设定值时，停止反应，降温到80℃左右，加入20%～30%活性稀释剂（苯乙烯或丙烯酸酯类活性稀释剂）和适量阻聚剂出料。

不饱和二元酸或酸酐主要有马来酸或马来酸酐、富马酸或酸酐、邻苯二甲酸或酸酐、丁二酸或酸酐、己二酸或酸酐等。二元醇主要有乙二醇、1,4-丁二醇等。

2. 环氧丙烯酸树脂

$$\underset{\diagdown O \diagup}{CH_2{-}CH}{-}R{-}\underset{\diagdown O \diagup}{CH{-}CH_2} + CH_2{=}CH{-}COOH \xrightarrow{\text{催化剂}}$$

$$CH_2{=}CH{-}\overset{O}{\overset{\|}{C}}{-}O{-}CH_2{-}\underset{OH}{\underset{|}{CH}}{-}R{-}\underset{OH}{\underset{|}{CH}}{-}CH_2{-}O{-}\overset{O}{\overset{\|}{C}}{-}CH{=}CH_2$$

合成方法：将一定量的环氧树脂和阻聚剂加入三口圆底烧瓶中，升温到110℃。滴加四甲基氯化铵和丙烯酸的混合溶液，控制滴加速度，30min内完成，保温反应，至体系的酸值不超过8mgKOH/g。

反应催化剂为四甲基氯化铵，阻聚剂为羟基苯甲醚，活性稀释剂为三羟甲基丙烷三丙烯酸酯和二缩三丙二醇二丙烯酸酯。

3. 聚酯丙烯酸酯

合成方法一：丙烯酸、二元酸与二元醇一步酯化。

$$HO-\overset{\overset{O}{\|}}{C}-R_1-\overset{\overset{O}{\|}}{C}-OH+2HO-R_2-OH+2\,CH_2=CH-\overset{\overset{O}{\|}}{C}-OH\xrightarrow{催化剂}$$

$$CH_2=CH-\overset{\overset{O}{\|}}{C}-O-R_2-O-\overset{\overset{O}{\|}}{C}-R_1-\overset{\overset{O}{\|}}{C}-O-R_2-O-\overset{\overset{O}{\|}}{C}-CH=CH_2$$

合成方法二：二元酸与二元醇先合成聚酯二醇，再与丙烯酸酯化。

$$HO-\overset{\overset{O}{\|}}{C}-R_1-\overset{\overset{O}{\|}}{C}-OH\xrightarrow[催化剂]{2\,HO-R_2-OH}HO-R_2-O-\overset{\overset{O}{\|}}{C}-R_1-\overset{\overset{O}{\|}}{C}-O-R_2-OH$$

$$\xrightarrow[催化剂]{2\,CH_2=CH-\overset{\overset{O}{\|}}{C}-OH}CH_2=CH-\overset{\overset{O}{\|}}{C}-O-R_2-O-\overset{\overset{O}{\|}}{C}-R_1-\overset{\overset{O}{\|}}{C}-O-R_2-O-\overset{\overset{O}{\|}}{C}-CH=CH_2$$

合成方法三：二元酸先与环氧乙烷加成，再与丙烯酸酯化。

$$HO-\overset{\overset{O}{\|}}{C}-R_1-\overset{\overset{O}{\|}}{C}-OH+2n\,CH_2\overset{O}{—}CH_2\longrightarrow$$

$$H-(OCH_2CH_2)_n-O-\overset{\overset{O}{\|}}{C}-R_1-\overset{\overset{O}{\|}}{C}-O-(CH_2CH_2O)_n-H\xrightarrow[催化剂]{2\,CH_2=CH-\overset{\overset{O}{\|}}{C}-OH}$$

$$CH_2=CH-\overset{\overset{O}{\|}}{C}-(OCH_2CH_2)_n-O-\overset{\overset{O}{\|}}{C}-R_1-\overset{\overset{O}{\|}}{C}-O-(CH_2CH_2O)_n-\overset{\overset{O}{\|}}{C}-CH=CH_2$$

合成方法四：丙烯酸羟基酯与酸酐先合成酸酐半加成物，再与聚酯二醇酯化。

$$2\,(\text{邻苯二甲酸酐})+2CH_2=CH-\overset{\overset{O}{\|}}{C}-OCH_2CH_2OH\longrightarrow$$

$$2\,C_6H_4\begin{cases}-\overset{\overset{O}{\|}}{C}-OCH_2CH_2O-\overset{\overset{O}{\|}}{C}-CH=CH_2\\-\underset{\underset{O}{\|}}{C}-OH\end{cases}\xrightarrow{HO-R_2-O-(\overset{\overset{O}{\|}}{C}-R_1-\overset{\overset{O}{\|}}{C}-O-R_2-O)_n-OH}$$

$$\begin{matrix}\overset{\overset{O}{\|}}{C}-CH=CH_2\quad CH_2=CH-\overset{\overset{O}{\|}}{C}\\ \overset{\overset{O}{\|}}{C}-OCH_2CH_2\overset{|}{O}\qquad\qquad\qquad\overset{|}{O}CH_2CH_2O-\overset{\overset{O}{\|}}{C}\\ C_6H_4\qquad\qquad\qquad\qquad\qquad\qquad C_6H_4\\ \underset{\underset{O}{\|}}{C}-O-R_2-O-(\overset{\overset{O}{\|}}{C}-R_1-\overset{\overset{O}{\|}}{C}-O-R_2-O)_n-\underset{\underset{O}{\|}}{C}\end{matrix}$$

4. 聚醚丙烯酸酯

$$HO-\sim\sim-OH + 2CH_2{=}CH-\overset{O}{\overset{\|}{C}}-OCH_2CH_2OH \xrightarrow{\text{催化剂}}$$

$$CH_2{=}CH-\overset{O}{\overset{\|}{C}}-O-\sim\sim-O-\overset{O}{\overset{\|}{C}}-CH{=}CH_2 + 2CH_3CH_2OH$$

5. 聚氨酯丙烯酸酯

合成原料为多异氰酸酯、长链二元醇、羟基丙烯酸酯等。

多异氰酸酯包括甲苯二异氰酸酯（TDI）、二苯基甲烷二异氰酸酯（MDI）、六亚甲基二异氰酸酯（HDI）、异佛尔酮二异氰酸酯（IPDI）、4,4′-二环已基甲烷二异氰酸酯（HMDI）等。

第6章　增材制造用复合材料

复合材料按用途可分为结构复合材料和功能复合材料。

复合材料是由两种或两种以上不同物理和化学性质的物质以微观或宏观的形式复合而成的多相材料。各种材料在性能上取长补短，产生协同效应，使复合材料的综合性能优于原组成材料而满足各种不同的要求。复合材料的基体材料分为金属和非金属两大类。复合材料按其组成成分的不同，可分为金属与金属复合材料、非金属与金属复合材料、非金属与非金属复合材料。按其结构特点的不同，又可分为纤维复合材料、夹层复合材料、细粒复合材料和混杂复合材料。

20 世纪 60 年代，为满足航空航天等尖端技术所用材料的需要，先后研制和生产了以高性能纤维（如碳纤维、硼纤维、芳纶纤维、碳化硅纤维等）为增强材料的复合材料，这种复合材料称为先进复合材料。按基体材料不同，可将先进复合材料分为树脂基、金属基和陶瓷基复合材料。其使用温度分别为 250~350℃、350~1200℃和 1200℃以上。先进复合材料除作为结构材料外，还可用作功能材料，如梯度复合材料、机敏复合材料、仿生复合材料和隐身复合材料等。

6.1　纤维增强复合材料

增材制造领域的关键之一是材料，塑料材料作为增材制造领域最为成熟的材料，目前仍存在较多问题，例如受塑料强度的影响，塑料材料适应领域有限，成品的力学性能较差、需要高温加工、低温流动性差、固化速度慢、易变形、精度低等，限制了塑料在新材料领域的拓展。

目前，只有热塑性线材被用作熔融沉积成型（FDM）工艺的原料，包括丙烯腈-丁二烯-苯乙烯共聚物（ABS）、聚碳酸酯（PC）、聚乳酸（PLA）、尼龙（PA），或是其中任意两种的混合物。经由FDM工艺制造的纯热塑性塑料存在强度不足、功能不全以及承载能力弱的缺点，这严重限制了FDM技术的广泛应用。一种有效的方法就是在热塑性材料中添加增强材料（如碳纤维），形成碳纤维增强复合材料（CFRP）。碳纤维增强复合材料中的碳纤维能用来支持负载，而且热塑性塑料基质可以用于结合和保护纤维并将负载转移到增强纤维上。随着科技的发展，适用于3D打印的材料日益广泛，纤维增强复合材料（Fiber Reinforced Composite，FRC）作为其中之一，已在诸多领域得到应用，但由于材料及其技术成本较高，仅在一些高端应用领域得到应用示范。

6.1.1　增强纤维种类

从碳纤维和玻璃纤维到聚酯、聚乙烯醇、聚乳酸，甚至丝绸和棉花都属于增强材料。迄今为止正在开发的增强材料包括碳纤维、玻璃纤维、凯芙拉纤维、连续铜线、连续光纤、镍铬合金线和碳化硅。通过增强改性，可以提升塑料的刚性和强度。例如通过玻璃纤维、金属纤维和木质纤维增强ABS树脂，使复合材料适合于FDM工艺。

1. 玻璃纤维

玻璃纤维是最早开发出来的用于高分子基复合材料的纤维。玻璃纤维是由二氧化硅和Al、Ca、B等元素的氧化物以及少量的加工助剂（氧化钠和氧化钾）等原料经熔炼后形成玻璃球，然后在坩埚内将玻璃球熔融拉丝而成。从坩埚中拉出的每一根线称为单丝。一个坩埚拉出的所有单丝，经浸润槽后，集合成一根原纱（又称丝束）。

2. 碳纤维

碳纤维是一种碳的质量分数在90%以上不完全石墨结晶化的纤维状碳素材料。它既具有一般碳素材料低密度、耐高温、耐腐蚀、导电、导热等特点，又具有各向异性、轴向抗拉强度和模量高、丝状柔软可制造加工的特点。例如对碳纤维在温度为2500℃以上的高温环境下进行处理，可得到碳的质量分数在99%以上，由乱层结构转向具有更高模量的三维有序结构的高性能石墨纤维。

碳纤维由对齐的碳原子链组成，具有极大的抗拉强度。单独使用它们并不是特别有用。它们所具有的薄而脆的特性使其在任何实际应用中都很容易断裂。然而，当使用黏结剂将纤维分组并黏合在一起时，纤维会使负载平滑地分布，并形成一种强度极高、重量轻的复合材料。这些碳纤维复合材料以片材、管材或定制的成型特征的形式出现，使用热固性树脂作为黏合剂，并用于航空航天和汽车等领域。

如今，大约90%的碳纤维是通过加热一种石油的衍生聚合物——聚丙烯腈（PAN）制得的。由于PAN较容易获得，所以PAN基碳纤维将继续发展。PAN首先被纺成长丝纱线，然后在温度为300℃的环境下将其稳定化，便于后续操作，即炭化。在炭化过程中，前驱体材料被拉成长束，在惰性（无氧）气体中加热到2000℃。如果没有氧气，这种材料就不会燃烧，而是除去除碳原子以外的所有原子。炭化的结果是形成了一层厚度仅为5~10μm的细丝状炭层；然后将碳纤维浸入气体（空气、二氧化碳或臭氧）或液体（次氯酸钠或硝酸）中，以便更容易与其他材料黏合。

3. 硼纤维

硼纤维是由硼元素气相沉积在钨丝上来制取。由于高温下硼和钨的相互扩散，所以硼纤维外层是硼，心部为硼化钨晶体。

4. 芳纶纤维

芳纶是芳香族聚酰胺纤维的商品总称，最初由美国杜邦公司于1965年研制成功。芳纶的优点：强度高（为2800~3700MPa，是一般钢的5倍），密度小（为1.45g/cm^3，只有钢的1/5）；弹性模量也很高；耐热且耐寒（在-196~+182℃的温度范围内的性能及尺寸变化不大）；受热时不燃烧、不熔化，温度继续升高则直接炭化；耐辐射、耐疲劳和耐腐蚀。缺点是易吸湿，在阳光下受紫外线的辐射后其强度会衰减。

5. 环氧树脂

环氧树脂是开发最早、应用最广泛的高性能树脂基体。它具有优良的工艺性和纤维增强的高黏结性，固化后的树脂具有高的强度和弹性模量，具有品种多、适用面广、价格低的特点，在航空航天等领域均获得广泛应用。

6.1.2 制备方法

拉挤成型工艺是将浸渍树脂胶液的连续玻璃纤维束、带或布等，在牵引力的作用下，通过挤压模具成型、固化，生产线形型材。这种工艺适用于生产各种断面形状的玻璃钢型材，如棒、管、实体型材（工字形、槽形、方形型材）和空腹型材（门窗型材、叶片等）等。拉挤成型工艺用原材料有以下几类：

1. 树脂基体

在拉挤成型工艺中，应用最多的是不饱和聚酯树脂，约占本工艺树脂用量的90%以上，还有环氧树脂、乙烯基树脂、热固性甲基丙烯酸树脂、改性酚醛树脂、阻燃性树脂等。

2. 增强材料

拉挤成型工艺用的增强材料主要是玻璃纤维及其制品，例如无捻粗纱和连续纤维毡等。为了满足制品的特殊性能要求，可以选用芳纶纤维、碳纤维及金属纤维等。不论是哪种纤维，用于拉挤成型工艺时，其表面都必须经过处理，使之与树脂基体能牢固地黏合。

3. 辅助材料

拉挤成型工艺的辅助材料主要有脱模剂和填料。

6.2　高分子粉末复合材料

6.2.1　高分子粉末复合材料的种类

高分子粉末最早在SLS工艺中得到应用，也是目前应用最多、最成功的SLS工艺用材料。目前，已用于SLS工艺的高分子材料主要是热塑性高分子及其复合材料。热塑性高分子材料又包括非结晶性和结晶性两种类型，其中非结晶性高分子包括聚碳酸酯（PC）、聚苯乙烯（PS）、高抗冲聚乙烯（HIPS）等，结晶性高分子材料有尼龙（PA）、聚丙烯（PP）、高密度聚乙烯（HDPE）、聚醚醚酮（PEEK）等。

为了实现塑料的流动改性，可以利用润滑剂等对其进行改性。由于使用过多的润滑剂会导致增加制品的挥发性，削弱制品的刚性和强度，所以加入高刚性、高流动性的球形硫酸钡、玻璃微珠等无机材料，可以弥补塑料流动性差的缺陷。对粉末塑料可采用粉体表面包覆片状无机粉体（如滑石粉、云母粉等）以增加流动性。另外，可在塑料合成时直接形成球状微粒，以确保流动性。粉末状塑料通常采用激光烧结工艺，可以通过复合多种材料进行增强改性，包括添加玻璃纤维的尼龙粉、碳纤维的尼龙粉、尼龙与聚醚酮混合等。

6.2.2 高分子粉末复合材料的制备方法

目前，常见SLS工艺用复合材料的制备方法主要有四种，包括机械混合法、覆膜法、双螺杆挤出粉碎法和后处理浸渗法。

1. 机械混合法

SLS工艺用无机填料填充尼龙复合粉末的制备方法主要是机械混合法。其基本工艺过程为：将高分子粉末与各种填料粉末在三维运动混合机、高速捏合机或其他混合设备中进行机械混合。机械混合法工艺简单，对设备要求低，但当填料粉末的粒径非常小（如粉末粒径小于10μm）或当填料（如金属粉末）的比重比高分子大得多时，机械混合法很难将无机填料颗粒均匀地分散在高分子基体中，而且在运输及SLS工艺的铺粉过程中，粉末颗粒容易产生偏聚现象，使得SLS工艺成型件中存在非均匀分布的填料颗粒团聚体，会使成型件的性能下降。

2. 覆膜法

覆膜法采用某种工艺将高分子材料包覆在填料颗粒的外表面，形成高分子材料覆膜的复合粉末。在覆膜复合粉末中，填料和高分子材料基体混合比较均匀，而且在运输和铺粉过程中也不会产生偏聚现象。高分子材料覆膜金属或陶瓷的复合粉末广泛用于SLS工艺间接法制备金属或陶瓷零件，其制备工艺多为喷雾干燥法，所用的聚合物为乳液状的PMMA及其衍生物。另一种覆膜工艺为溶剂沉淀法。该法是在制备尼龙粉末的同时，将填料颗粒加入反应容器中，这样在尼龙溶解和结晶过程中，将尼龙均匀地包裹在填料颗粒表面，形成覆膜粉末。

3. 双螺杆挤出粉碎法

该方法是先将各种助剂与高分子材料共混经过双螺杆挤出机挤出造粒，制得粒料，再经低温粉碎制得粉料。这种方法制备的粉末材料分散性好，但是由于粉末是通过深冷粉末制备的，所以形状极其不规则，不利于铺粉和成型件精度的提高。

4. 后处理浸渗法

高分子材料尤其是非结晶性高分子材料的SLS工艺成型件中存在一定孔隙，造成其力学性能较低。因此，后处理浸渗法在SLS工艺的初始形坯中渗入另外一种材料，形成复合材料，固化后成型件的致密度和力学性能都得到提高。

6.3　金属基复合材料

金属基复合材料是以金属或合金为基体，以高性能的第二相为增强体的复合材料。它是一类以金属或合金为基体，以金属或非金属线、丝、纤维、晶须或颗粒状组分为增强相的非均质混合物，其共同点是具有连续的金属基体。

6.3.1　金属基复合材料的种类

（1）铝基复合材料　铝基复合材料具有密度小，塑性和韧性良好，易加工，价格低廉等优点。与纯铝相比，铝合金具有更好的综合性能。实际应用时，可根据复合材料的性能选择铝合金的基体。

（2）钛基复合材料　钛相比其他的结构材料具有更高的比强度，在中温时，比铝合金能更好地保持其强度。

钛基复合材料中最常用的增强体是硼纤维，原因是钛与硼的热膨胀系数比较接近。

（3）镍基复合材料　这种复合材料以镍及镍合金为基体，主要用于制造高温下工作的零部件，但由于目前的制造工艺及可靠性等问题尚未解决，所以未能取得满意的结果。

6.3.2　金属基复合材料的制备方法

1. 固态法

固态法是指在金属基复合材料中基体处于固态下制造金属基复合材料的方法，主要包括粉末冶金法和固态扩散结合法两种类型。

1）粉末冶金法用于制备与成型非连续增强型金属基复合材料的一种传统的固态工艺法。它既适用于连续的长纤维增强的金属基复合材料，又可用于短纤维、颗粒或晶须增强的金属基复合材料。

优点：增强材料与基体金属粉末可以以任何比例混合；对增强材料与基体浸润性要求不高，可以使颗粒或晶须均匀分布在金属基复合材料的基体中；采用热等静压烧结工艺时，一般不会产生偏聚等缺陷；可进行二次加工，得到所需形状的复合材料部件的毛坯。

缺点：工艺过程比较复杂；制备铝基复合材料时，应注意要防止铝粉爆炸。

2）固态扩散结合法是将固态的纤维与金属适当组合，在加压、加热条件下使它们相互扩散结合成复合材料的方法。固态扩散结合法包括热压扩散法、热等静压法、热轧法、热拉和热挤压。其中热压扩散法有三个关键步骤：

① 纤维的排布。

② 复合材料的叠合和真空封装。

③ 热压（最关键）。

为了保证材料性能符合要求，热压过程中要控制好热压工艺参数（热压温度、压力和时间）。

2. 液态法

液态法是指在金属基复合材料的制造过程中，金属基体在熔融状态下与固体增强物复合的方法。液态法包括铸造法、喷射沉积法、熔铸复合法、熔融金属浸渗法、真空压力浸渍法。与固态法相比，液态法的工艺及设备相对简便易行。

（1）铸造法　铸造法包括压力铸造法、高压凝固铸造法、真空吸铸法和搅拌铸造法。

压力铸造法是指在压力的作用下，将液态或半液态金属基复合材料（或金属）以一定速度充填压铸模型腔或增强材料预制体的空隙中，在压力下快速凝固成型而制备金属基复合材料的方法，其过程包括浇入、加压、固化和顶出。

（2）喷射沉积法　这是一种将金属熔体与增强颗粒在惰性气体的推动下，通过快速凝固制备颗粒增强金属基复合材料的方法。

第7章　增材制造用导电油墨材料

导电油墨，俗称油墨，是用导电材料（如碳、铜、银、金）制成的黏合剂分散在油墨中，在一定程度上有助于制备印制电路板或导电线路。导电油墨由金属导电粒子（包括银、铜、碳粒子）分散在黏合剂中形成复合导电粒子，电子印在柔性或刚性印制电路板材料（如纸、PVC、PE 等）上。导电油墨易干燥，并因为导电粒子之间的距离减少，自由电子沿外加电场方向移动形成电流，所以具有良好的导电性，可用于接收 RFID 射频信号。

导电填料有导电油墨、黏合剂、溶剂和添加剂等。有时为了提高导电填料的性能，可采用金粉和石墨作为导电填料。环氧树脂、醇酸树脂等将被用于合成树脂胶。此外，根据需要添加分散剂、平滑剂等添加剂原材料。总之，导电性、黏结性、纸张印刷适性和耐溶剂性等是导电油墨必须具有的属性。

7.1　导电油墨的种类

导电油墨作为核心功能材料，是印制电子技术的关键，其主要由导电成分、溶剂及其他添加组分组成。典型导电油墨通常分为三类：碳材料类导电油墨、导电高分子系油墨及纳米金属颗粒油墨。

不论是导电高分子系油墨、纳米金属颗粒油墨还是碳材料类导电油墨，其自身均不具备导电性，在打印后需要经过一定的后处理工艺（如烧结、退火），将导电油墨中的溶剂、分散剂、稳定剂等去除，使导电材料形成连续的薄膜后，才具备导电性。不论是油墨的配制，还是后处理工艺，都较为复杂。除此之外，采用纳米金、银颗粒油墨进行大面积打印时成本较高，而纳米铜颗粒油墨容易氧化。

7.1.1 纳米银导电油墨

已有一些公司在使用纳米银导电油墨在零件上打印电路，如美国的 Voxel8 公司、以色列的 Nano Dimension 公司。Nano Dimension 公司重点开发镍基、铜基油墨，它们的导电性更好。采用纳米银导电油墨使得 3D 打印电路成为可能，不管是制作 PCB 原型或直接把电子器件集成在 3D 打印模型对象里。

1. 优点

1）纳米银颗粒的粒径尺寸在纳米级别，一般为 50nm 左右，以纳米银为导电组分，可以充分保证印制线路优异的导电性能，以及目标产品良好的抗氧化性，因此在制备导电油墨及后期产品印制过程中无须另加防氧化工艺。

2）纳米银相较于块状银有更大的比表面积，单位面积的原子数更多，这样将明显提高导电组分纳米银颗粒与基材的接触面积，从而增强导电层在基材上的附着力，提高产品的质量。同时，由于粒径尺寸为纳米级的银粉有更大的比表面积，对导电层间隙的填充效果更好，能在不降低电子器件性能的前提下，大大降低银消耗量，节省成本。

3）随着纳米银颗粒尺寸的减小，其表面能与比表面能不断增大，烧结温度将迅速下降，当粒径小于 10nm 时，烧结温度可以降至 100℃ 以下，从而拓宽了基材的选择范围，使得纸张、聚对苯二甲酸乙二酯等成本低廉的基材可以得到广泛应用。

2. 缺点

除价格较贵外，银颗粒自身存在着易迁移、硫化，抗焊锡侵蚀能力差，烧结过程容易开裂等缺陷。

7.1.2 纳米金导电油墨

金粉化学性质稳定，具有良好的导电性，但黄金价格昂贵，用途仅限于厚膜集成电路。

7.1.3 纳米铜导电油墨

铜虽然具有很高的导电性和相对低廉的成本，但是其化学性质较为活泼，容易氧化，使其应用同样受到一定的限制。溶剂在分散过程中纳米铜颗粒的聚集，以及大量高质量、低成本纳米铜的合成困难仍然是困扰纳米铜用于导电油墨填料的几个关键问题。

铜的导电性与银相当，价格却比银低得多，具有广阔的发展前景。为了降低导电油墨的成本，以纳米铜为介质的喷墨导电油墨在过去几年得到了快速发展。但以纳米铜为介质的喷墨导电油墨在空气中易被氧化，使用时易聚集。

7.1.4　碳纳米管导电油墨

碳纳米管（CNT）因具有独特的化学性质和力学性能，已成为纳米科技的主导材料，合适的功能化能有效地发挥碳纳米管优异的导电性。喷墨印刷法也被用来制备可剥脱高质量碳纳米管薄膜，并且操作过程简单，薄膜厚度可控制。CNT也常与导电聚合物复合应用，CNT的加入有效增加了聚合物的导电性，提高聚合物印刷电子器件的性能。

石墨烯常温下的电子迁移率比碳纳米管或硅晶体高，而电阻率只约 $10^{-6}\Omega \cdot cm$，比铜或银更低，为目前电阻率最小的材料。高导电性和碳材料本质决定的稳定性以及纳米片层结构特点都决定了石墨烯可作为优质导电油墨填料应用于导电油墨中，对导电油墨产品性能的提升极具想象空间。

7.2　纳米金属粉末的制备

应用于制备纳米金属粉末的化学法很多，不能一一介绍，主要介绍常用的几种。

7.2.1　溶胶-凝胶法

溶胶-凝胶法是20世纪60年代发展起来的一种制备玻璃、陶瓷等无机材料的工艺，近年来许多人用来制备纳米粉末。其基本原理是：将金属醇盐或无机盐在一定条件下控制水解，不产生沉淀而形成溶胶，然后使溶质聚合凝胶化，再将凝胶干燥、焙烧，去除有机成分，最后得到纳米金属粉末。该法的优点：制备的纳米金属粉末化学均匀性好，纯度高且细腻，可容纳不溶性组分或不沉淀组分。缺点：粉末之间的烧结性差，干燥时收缩率大。

7.2.2 激光诱导化学气相沉积法

采用激光诱导化学气相沉积（LICVD）法制备纳米粉末是近年来兴起的制备纳米粉末的一种方法。该方法以激光为加热热源，诱发气相反应合成纳米粉末，主要用于合成一些用常规办法难以获得的化合物纳米粉末，例如 SiC，Si_3N_4，B_4C 等，也可以用来制备单质金属粉末，如银粉和铜粉等。

激光制备纳米粉末的基本原理是利用反应气体分子（或光敏剂分子）对特定波长激光束的吸收，引起反应气体分子激光光解（紫外光解或红外多光子吸收光解）、激光热解、激光光敏化和激光诱导化学合成反应，在一定工艺条件下（激光功率密度、反应池压力、反应气体配比和流速、反应温度等）获得纳米粉末。该方法具有颗粒表面清洁，粒子大小可精确控制，无黏结，粒度分布均匀等优点，并容易制备出粒径为几纳米至几十微米的非晶态或晶态粉末。其缺点是制备成本高、生产率低。

7.2.3 水热法（高温水解法）

水热法是指在高温高压条件下，在水（水溶液）或水蒸气等流体中进行有关化学反应以达到制备纳米粉末目的的方法。用该方法制备的超细粉末已经达到数纳米级水平。根据反应类型的不同，可将水热法分为水解氧化、水热沉淀、水热合成、水热还原、水热分解和水热结晶。该方法工艺简单，易于控制且粉末纯度高、粒度细，近年来备受关注。

7.2.4 液相化学还原法

液相化学还原法是制备纳米金属粉末的常用方法。它主要通过液相氧化还原反应来制备纳米金属粉末。该方法具有制粉成本低、设备要求不高、工艺参数容易控制等优点，易于实现工业化生产。

7.2.5 电解法

电解法在粉末生产中具有重要作用，但耗电较多，成本比还原法和雾化法高，因此限制了其应用。电解法制粉可分为直接沉积电解、熔盐电解和液体金属阴极电解，其中使用较多的是沉积电解和熔盐电解。熔盐电解主要用来制取一些稀有难熔金属粉末。沉积电解所生产的金属或合金粉末纯度高，颗粒呈树枝状。用电解法可生产 Ni、Fe、Ag、Sn、Pb、Cr、Mn、Cu-Zn、Cu-Ni、Fe-Ni 等多种金属和合金粉末，粉末粒度均匀，平均粒径为 80nm。

7.3　液态金属导电油墨

液态金属通常是指熔点低于 200℃的低熔点合金，其中室温下液态金属的熔点更低，在常温下即呈液态。与传统流体相比，液态金属具有优异的导热性和导电性，并且液相温度区间宽广。采用液态金属制成的导电油墨具有电导率高、制备简单、无须后处理等优点。液态金属具有自主形态变化等多种特性，在电场、磁场作用下还能表现出很多变化，能广泛应用于增材制造、柔性智能机器和血管机器人等领域，类生物学行为的新发现将进一步开拓液态金属研究的新领域。

最具代表性的室温液态金属油墨为镓（Ga）及镓基合金。镓主要用作液态金属合金的增材制造用材料，它具有金属导电性，其黏度类似水。不同于汞（Hg），镓既不含毒性，也不会蒸发。镓可用于生产柔性和伸缩性的电子产品。液态金属在可变形天线的软伸缩部件、软存储设备、超伸缩电线和软光学部件上已得到了应用。

钽（Ta）具有很好的化学稳定性和生理耐蚀性，钽的氧化物基本不会被人体吸收，也不呈现毒性反应，钽可与其他金属结合使用而不破坏其表面的氧化膜。在临床上，钽也表现出良好的生物相容性。钽、铌、锆与钛都具有极相似的组织结构和化学性质，在生物医学上也得到一定应用，被用作接骨板、种植牙根、义齿、心血管支架及人工心脏等材料。

第8章　增材制造用生物医用材料

生物医用材料，又称生物材料，是用于诊断、治疗、修复、替换人体组织或器官，或是增进其功能的一类高科技新材料。

在生物医用材料领域，打印材料的局限性阻碍了增材制造技术的发展。适用于生物医用材料的增材制造尤为困难，需要考虑材料的强度、安全性、生物相容性、组织工程材料的可降解性等。目前可用于增材制造技术的生物医用材料主要有金属、陶瓷、聚合物、生物油墨等，其特点是分布范围较广，但是种类较少。

8.1　生物医用金属材料

生物医用金属材料经临床应用，主要问题是生物相容性，这源于金属腐蚀和磨损。因为金属材料中均含有较多的合金元素，由于腐蚀、磨损等原因，会导致金属离子溶出，进而引发细胞及组织液的一些生物反应，如组织反应、血液反应和全身反应，表现为水肿、血管栓塞、感染及肿瘤等现象。铬、镍等离子对人体都有致敏反应。钢中的铬元素当呈现六价态时，对人体也有较大的毒性和过敏倾向。镍离子除了对人体有很大毒性和过敏反应外，可能诱导有机体突变，甚至发生癌变。因此，在发展新型生物医用金属材料时必须严格控制其中的金属元素，最好是少用或不用对人体产生毒性和过敏性较大的合金元素。

8.1.1　多孔钛材料

医用钛合金（Ti-based-Alloyas Biomedical Material）是目前已知的生物亲和性

最好的金属之一，是最有发展前景的医用材料之一。近年来金属多孔材料的开发和应用日益受到人们的关注。金属多孔材料具备优异的物理性能，例如密度小、刚度大、比表面积大、吸能减震性能好、消声降噪效果好、电磁屏蔽性能高，使其应用领域扩展到航空、电子、医用材料及生物化学等方面。钛基多孔材料能够减轻材料的重量并具有一定的强度，同时还有优异的生物相容性和生物黏附性。因此，钛基多孔材料在生物医学工程有很好的发展前景。

目前，钛和钛合金主要应用于整形外科，尤其是四肢骨和颅骨整复，被用以制作各种骨折内固定器械、人工关节、人工头盖骨和硬膜、人工心脏瓣膜、义齿、托环和牙冠。其中，医用应用最多的钛合金是TC4（Ti-6Al-4V）。为了改善钛及钛合金的耐磨性，可对钛及钛合金制品表面进行高温离子氮化或离子注入技术处理，强化其表面耐磨性。

多孔钛材料凭借其优良的综合性能和生物材料具备的良好力学性能、生物相容性以及耐蚀性，被认为是目前最有吸引力的生物金属材料之一，是人工关节（髋、膝、肩、踝、肘、腕、指关节等）、骨创伤产品（髓内钉、钢板、螺钉等）、脊柱矫形内固定系统、牙种植体、人工心脏瓣膜、介入性心血管支架等医用内植入物产品的首选材料。多孔钛材料具有开放多孔状结构，允许新骨细胞组织在内生长及体液的传输，多孔立体结构能促进成骨细胞在钛种植材料表面和孔隙中的生长，新的骨组织在植入物孔内生长形成交错连接，能够加强植入物与自体骨的连接强度，并且其强度及杨氏模量可以通过对孔隙率的调整同自然骨相匹配，因此是较为理想的生物医学植入材料。

8.1.2　形状记忆合金

形状记忆合金自20世纪60年代问世以来，引起人们极大的关注。迄今已发现具有形状记忆效应的合金近百种，其中有实际应用价值的记忆合金有Ti-Ni、Cu-Zn-Al和Cu-Al-Ni等。

形状记忆合金有三种类型的形状记忆效应，即单程记忆效应、双程记忆效应和全程记忆效应。将材料在高温下制成某种形状，在低温下将其任意变形，若再将材料重新加热到高温后，材料能够恢复到原来的高温时的形状，即使冷却后，材料仍保持着高温时的形状，则为单程记忆效应；若再冷却后材料仍能恢复到原来的低温时的形状，则为双程记忆效应；若再冷却后材料会在相反方向上再现原来的高温时的形状，则为全程记忆效应。三种类型的形状记忆效应示意见表8-1。

表 8-1 三种类型的形状记忆效应示意

	高温初始状态	低温变形	再加热	再冷却
单程	◡	—	◡	◡
双程	◡	—	◡	—
全程	◡	—	◡	◠

形状记忆效应是以马氏体相变及其逆相变过程中，母相与马氏体相的晶体学可逆性为依据的。马氏体相变是一种无原子扩散型的相变。在一定条件下，从稳定的母相到新相（马氏体相）的结构转变过程中发生切应变，微观上发生较大的剪切变形。母相与马氏体相的界面共格或半共格，存在着非常严格的晶体位相对应关系。当马氏体发生逆相变时，即经历逆向切应变后回到母相。此时合金可能恢复原有的形状。这种弹性马氏体相变包括热弹性马氏体相变和应力弹性马氏体相变。

（1）热弹性马氏体相变　热弹性马氏体相变时形成的马氏体片随着温度下降而增大，随着温度升高而减小，其尺寸由温度决定，具有热弹性特征。其形状记忆过程为：合金的母相在降温过程中，自温度低于 Ms 开始发生马氏体相变，该过程中无大量的宏观变形。在低于马氏体转变终了温度 Mf 以下，对合金施加应力，马氏体通过界面移动，发生塑性变形，变形量可达数个百分点；温度再升高至马氏体逆转变终了温度 Af 以上，马氏体逆向转变回到母相，合金低温下的塑性变形消失，于是恢复原始形状。这就是典型的形状记忆效应。

（2）应力弹性马氏体相变　在高于 Ms 的某一温度下，对合金施加外力可引起马氏体相变，形成的马氏体称为应力诱发马氏体。某些合金在应力增加时马氏体增大，反之马氏体缩小，应力去除后马氏体消失。这种马氏体称为应力弹性马氏体。合金在母相稳定区加载过程中的应力诱发了马氏体相变，这时产生的应力诱发马氏体属于稳定相。此时一旦卸载，随即发生逆相变，使加载时相应的变形得到恢复。由于逆转变引起变形恢复，说明它与热弹性马氏体相变引起的形状记忆效应在本质上相同，只是变形温度和最初的状态不同。热弹性马氏体相变引起形状记忆效应的变形温度低于 Mf，变形时的组织为新相马氏体，而应力诱发马氏体相变产生形状记忆效应的变形温度高于 Af，变形时的组织为母相奥氏体。

临床上应用最广泛的形状记忆合金主要有镍钛形状记忆合金。医用镍钛形状记忆合金的形状记忆恢复温度为 34～38℃，符合人体温度在临床上表现出与钛合金相当的生物相容性。但由于镍钛记忆合金中含有大量的镍元素，如果表面处理不当，则其中的镍离子可能向周围组织扩散渗透，引起细胞和组织坏死。医用形状记忆合金主要用于整形外科和口腔科，镍钛记忆合金应用最好的实例是自膨胀式支架。

8.1.3 贵金属和纯金属（钽、铌、锆）

医用贵金属是指用作生物医用材料的金、银、铂及其合金的总称。贵金属的生物相容性较好，抗氧化、耐蚀性强，具备独特的物理与化学稳定性，优异的加工特性，对人体组织无毒副作用，被用作整牙修复、颅骨修复、植入电极电子装置、神经修复装置、耳蜗神经刺激装置、横隔膜神经刺激装置、视觉神经装置和心脏起搏器电极等。

钽具有很好的化学稳定性和耐蚀性，钽的氧化物基本不会被人体吸收，也不呈现毒性反应，钽可与其他金属结合使用而不破坏其表面的氧化膜。在临床上，钽也表现出良好的生物相容性。钽、铌、锆与钛都具有极其相似的组织结构和化学性能，在生物医学上也得到一定应用，被用作接骨板、种植牙根、义齿及人工心脏等材料。总的来说，医用贵金属和钽、铌、锆等金属因其价格较贵，广泛应用受到一定的限制。

8.2 增材制造用生物医用高分子材料

医用水凝胶、生物交联剂和活细胞共同组成了增材制造用生物生物油墨，目前已经有研究人员利用增材制造技术和生物油墨打印出人体耳郭等活体组织，但材料与调节细胞有序地组合、器官内部血管构建、神经系统构建的生长因子相容等困难，使得 3D 打印复杂器官的目标的实现仍有很大距离。

8.2.1 水凝胶

水凝胶是一种具有亲水性的三维网状交联结构的高分子网格体系。水凝胶性质柔软，能保持一定的形状，能吸收大量的水（可达 99%），具有良好的生物相容性和生物可降解性。

根据聚合物来源的不同，可分为天然水凝胶与合成水凝胶。天然水凝胶如明胶、琼脂、海藻酸钠等具有较高的溶胀性，力学性能相对较差，限制了其应用范围。合成水凝胶由于水凝胶的成分、结构和交联度可调，使得合成水凝胶的各项性能可以在较大范围内进行调控。同时，合成水凝胶具有的重复性好的特点，使其能够进行大规模的生产制造，因此得到国内外研究人员的广泛关注。自 20 世纪 50 年代首次报道后，就被广泛地应用于组织工程、药物输送、3D 细胞培养等医药学领域。

高分子凝胶具有良好的智能结构，海藻酸钠、纤维素、动植物胶、蛋白胨、聚丙烯酸等高分子凝胶材料用于增材制造工艺，在一定的温度及引发剂、交联剂的作用下进行聚合后，形成特殊的网状高分子凝胶制品。例如凝胶受到离子强度、温度、电场和化学物质的变化时，凝胶的体积也会相应地变化，可用作形状记忆材料；凝胶溶胀或收缩发生体积转变，可用作传感材料；凝胶网孔的可控性，可用作智能药物释放材料。比起生物塑料，高分子凝胶具有更好的生物相容性以及与人体软组织相仿的力学性能。凝胶用于生物工程支架时，能促进细胞黏附和生长，生物降解性好，可用于药物的可控释放。

近年来通过直接携带细胞进行细胞或组织的增材制造技术已受到了广泛的关注。由于水凝胶与天然软组织细胞外基质在结构、组成和力学性能上的相似性，目前细胞或组织的增材制造技术主要是基于携带细胞的水凝胶的 3D 沉积技术。对采用增材制造技术成型的携带细胞水凝胶支架的基本要求是：水凝胶在工作台沉积后能快速原位成型，并维持初始沉积的形状；保持细胞活性和功能。

目前，传统的水凝胶制备方法主要是通过高分子链间的化学反应或物理作用，难以实现对水凝胶外部和内部结构的精确调控。而增材制造技术则能实现对材料外部形态和内部微结构的精确调控，有利于调控细胞的分布以及材料与生物体的匹配，因此具有独特的优势。适用于立体印刷技术制备水凝胶的常用原料包括（甲基）丙烯酸酯封端的聚乙二醇，并可通过引入细胞黏附肽 RGD、肝素等生物分子，实现在微观结构上调控细胞的黏附或生长因子的释放。

聚乙烯醇（PVA）水凝胶由于具有与人体自然组织相近的含水量、弹性模量，具有低摩擦因数及较高的强度、丰富的孔漏网络结构、良好的生物相容性等特点，在生物医学领域有着广泛的应用，可用于制造人工软骨、人工角膜、人工玻璃体等。聚乙烯醇水凝胶在眼科方面用途很广泛，可用于制造软性接触眼镜。

由于其具有水溶性，又可制成药物缓释胶囊。

传统的水凝胶已经在隐形眼镜制造和创伤修复领域中取得了较多的应用。水凝胶作为组织工程的理想材料，在该领域的应用前景十分广阔。除此之外，水凝胶还可以作为传感器的材料，这是利用了它的膨胀行为和扩散系数会随周围环境而发生变化的特性。传统水凝胶成型主要依靠模具，无法制造复杂结构；采用增材制造技术成型的水凝胶，不仅能够实现复杂形状的制造，还能实现复杂孔隙甚至梯度结构的制造，使得增材制造技术成型的水凝胶具有传统制造方式无法获得的性能。此外，水凝胶中可以加入活细胞，使得适合人体器官的增材制造成为可能。

水凝胶的增材制造工艺包括光固化成型及直写（Direct Ink Writing，DIW）成型。用于光固化成型的水凝胶成分与光敏树脂类似，包括溶剂、单体、交联剂、光引发剂等，可以添加无机填料以实现水凝胶性能的调控。直写成型是适合水凝胶的增材制造中更普及的一种工艺形式。打印时将水凝胶置于注射器中，采用计算机根据设计的结构控制注射器运动及挤出，挤出的水凝胶在外界条件（温度、水分、pH 值、光照等）的刺激下固化。为了满足增材制造的要求，通常要求水凝胶的固化速度足够快，或是流变性能满足在打印时不发生变形，才能实现成功的打印。目前，商业化的水凝胶打印材料较少，大多数都处于实验室研制阶段。

8.2.2　组织工程支架

生物材料用于组织工程支架需要满足以下要求：

1）三维多孔的网络结构，以利于细胞增殖、营养物质和代谢废物传递。

2）良好的生物相容性，即无明显的细胞毒性、炎症反应和免疫排斥。

3）适当的生物降解性，降解速度与新组织细胞的生长和繁殖相匹配。

4）合适的表面理化性质，以利于细胞的黏附、增殖和分化。

5）一定的生物力学性能，能在生物体内环境中保持结构和外形的稳定性和完整性。

用于组织工程支架的材料主要有天然生物材料、生物陶瓷和人工合成的聚合物材料。传统制备工艺，例如纤维黏结法、固相分离法、气体发泡法和颗粒烧结法等得到的组织工程支架的力学性能差，孔隙相互贯通程度低，孔隙度与孔结构的可控性不灵活。快速成型技术通过 SLS 工艺成型聚合物或采用生物陶瓷复合材料制造支架，支架的微观结构可通过调节 SLS 工艺参数来控制，而且得到的支架都是多孔结构。

增材制造用生物材料主要包括支架类材料类与直接细胞打印材料。增材制造用支架类材料需具备良好的生物相容性，对细胞及机体无毒害；良好的生物降解特性，可完全被机体降解吸收或排出体外；良好的力学性能，具备一定的强度及塑性，结构可长时间保持稳定，具有较高的孔隙率；良好的表面相容性，有利于细胞在材料表面黏附与生长。

增材制造用支架类材料主要分为以下几类：

1）聚己内酯（PCL）是一种生物可降解聚酯，熔点较低，常做特殊用途，例如药物传输设备、缝合剂等，同时还具有形状记忆性。在增材制造技术中，由于它熔点低，所以并不需要很高的打印温度，从而达到节能的目的。PCL具有优异的生物相容性和可降解性，可以作为生物医疗中组织工程支架的材料，通过掺杂纳米羟基磷灰石等材料还能够改善力学性能及生物相容性。在医学领域，PCL可用来打印心脏支架等。

2）聚乙烯醇（PVA）是由聚醋酸乙烯酯水解而成的一种水溶性聚合物，其分子链上含有大量羟基，分子链易形成氢键，因此具有良好的水溶性、成膜性、黏结性，又以高弹性和化学稳定性，易于成型且无毒、无不良反应以及与人体组织良好的相容性，使PVA在生物医学各个方面得到了广泛的应用。聚乙烯醇具有较高的强度和韧性，还具有丰富的加工手段，可采用盐析法、乳液冻干法、体发泡法、固相分离法等一系列方法，制备膜状、水凝胶、纳米纤维及复合材料的组织工程支架。

8.3 增材制造用生物医用陶瓷

生物陶瓷具有高硬度、高强度、低密度、耐高温、耐腐蚀等优异性能，在医学骨替代品、植入物、齿科和矫形假体领域有着广泛的应用。但生物陶瓷韧性不高，硬而脆的特点使其加工成型困难，采用增材制造技术制备生物陶瓷，已在近年来取得长足的进步。

医用无机非金属材料主要包括生物陶瓷、生物玻璃、氧化物及磷酸钙陶瓷和医用碳素材料。其中，生物陶瓷又包括磷酸钙、双相磷酸钙、硅酸钙/β-磷酸三钙等材质，目前仅用于骨骼等硬组织打印。生物玻璃具有良好的生物活性和可降解性，在骨组织工程领域同样有着广泛的应用。

8.3.1 羟基磷灰石

羟基磷灰石（Hydroxyapatite，HAP）分子式为 $Ca_{10}(PO_4)_6(OH)_2$，其化学组成和结晶结构类似于人体骨骼系统中的磷灰石，优良的生物活性和生物相容性是其最大的优点，人体骨细胞可以在羟基磷灰石上直接形成化学结合物质，在普通合成的生物材料中添加少量纳米羟基磷灰石，可显著改善材料对成骨细胞的黏附和增殖能力，促进新骨形成，因此适宜于做骨替代物。羟基磷灰石的钙磷摩尔比为 1.67，与天然骨相近。目前生产羟基磷灰石的方法主要分为湿法合成和干法合成，其中湿法包括溶胶-凝胶法、沉淀法和水热法三种。

（1）溶胶-凝胶法　溶胶-凝胶法是近些年来才发展起来的新方法，已经引起了广泛的关注。找到合适的、能够合成最终的羟基磷灰石的溶胶-凝胶体系是其合成的关键。其原理是：将醇盐溶解在选定的有机溶剂中，在其中加蒸馏水使醇盐发生水解、聚合反应后生成溶胶，再将 Ca^{2+} 溶胶缓慢滴加到 PO_4^{3-} 溶胶中，加水变为凝胶，凝胶经老化、洗涤和真空状态下的低温干燥，得到干凝胶，再将干凝胶高温煅烧，就得到羟基磷灰石的纳米粉体。该方法的优点：合成及烧结温度低，可存分子水平上混合钙磷的前驱体，使溶胶具有高度的化学均匀性。缺点：化学过程比较复杂，醇盐原料价格昂贵，有机溶剂毒性大，对环境易造成污染等。

（2）沉淀法　沉淀法是制备羟基磷灰石粉体最典型的方法。这种方法是把一定浓度的磷酸二氢铵和硝酸钙反应或者将磷酸与氢氧化钙在一定的温度下搅拌，发生反应后生成羟基磷灰石沉淀，反应过程中使用 1mol/L 的 NaOH 溶液调节 pH 值，沉淀物经高温煅烧得到羟基磷灰石粉体。

其典型工艺为：$Ca(NO_3)_2$ 与磷酸盐［$(NH_4)_3PO_4$、$(NH_4)_2HPO_4$、$NH_4H_2PO_4$］溶液进行反应，沉淀后经过滤、干燥，制成粉末颗粒。

（3）水热法　水热法的特点是在特制的密闭的反应器（高压釜）内，以水溶液作为反应介质，在高温高压环境中，不受沸点的限制，可以使介质的温度上升到 200~400℃，使原来难溶或不溶的物质溶解并重新结晶的方法。这种方法通常采用磷酸氢钙等为原料的水溶液体系，在高压釜中制备 HAP 粉体。

其典型的工艺为：以 $CaCl_2$ 或 $Ca(NO_3)_2$ 与 $NH_4H_2PO_4$ 为原料，以钛网、Ti_6Al_6V 片或其他合金为阴极，以石墨为阳极，控制一定的 pH 值和沉淀时间，可得 $CaHPO_4 \cdot 2H_2O$，随后经水蒸气处理，即得羟基磷灰石。

8.3.2 磷酸三钙生物陶瓷

磷酸三钙生物陶瓷（TCP）又称磷酸三钙，存在多晶型转变，主要分为β-TCP和α-TCP。TCP的化学组成与人骨的矿物相似，与骨组织结合好，无排异反应，是一种良好的骨修复材料。TCP天然的生物学性能使其多用于医学领域。

目前广泛应用的生物降解陶瓷为β-TCP，是磷酸钙的一种高温相。与HAP相比，TCP最大的优点在于更易于在体内溶解，植入机体后与骨直接融合而被骨组织吸收，是一种骨的重建材料。可根据不同部位骨性质的不同及降解速率的要求，制成具有一定形状和大小的中空结构件，用于治疗各种骨科疾病。

8.3.3 生物玻璃

生物玻璃是内部分子呈无规则排列状态的硅酸盐的聚集体，主要含有钠、钙、磷等几种离子，在一定配比和化学反应条件下，会生成含有羟基磷灰石的复合物，具有很高的仿生性，是生物骨组织的主要无机成分。由于生物玻璃材料具有可降解性和生物活性，能够诱导骨组织的再生，所以在骨组织工程的研究领域被作为组织工程支架材料广泛应用，在无机非金属材料领域具有非常广阔的应用前景。

第9章　增材制造用材料的力学性能

工程材料制成的机械零部件在使用过程中要受到各种形式的力，材料在这些力的作用下所表现出的特性，称为材料的力学性能。材料的力学性能包括强度、塑性、硬度、冲击韧性、疲劳极限和耐磨性等。材料的力学性能不仅取决于材料本身的化学成分，还和材料的微观组织结构有关。

材料的力学性能是衡量工程材料性能优劣的主要指标，也是机械设计人员在设计过程中选用材料的主要依据。材料的力学性能可以从相关设计手册中查到，也可以通过力学性能试验测得。了解材料力学性能的实验方法、测试条件和性能指标等，将有助于了解工程材料的本性。

9.1　材料的强度与塑性

材料在外力作用下抵抗永久变形和断裂的能力，称为材料的强度。根据外力作用方式的不同，可将材料的强度分为抗拉强度、抗压强度、抗弯强度和抗剪强度等。

材料在外力作用下显现出的塑性变形能力，称为材料的塑性。材料的强度和塑性是材料最重要的力学性能指标之一，它可以通过拉伸试验获得。一次完整的拉伸试验记录还可以获得许多其他有关该材料性能的有用数据，如材料的弹性、屈服强度和材料被破坏所需的功等。因此，拉伸试验是材料性能试验中最为常用的一种试验方法。

1. 拉伸试验及应力-应变曲线

拉伸试验可以在拉伸试验机上进行，被测试的材料按国家标准制成图 9-1 所示的光滑圆柱形标准拉伸试样。试样中间截面均匀的部分作为测量延伸量的基本长度，称为原始标距 L_0。将试样装夹在拉伸试验机上，然后缓慢、均匀地施加轴向拉力。随着拉力的增加，试样被拉长，直至被拉断为止。在拉伸过程中，拉伸试验机上的自动记录系统同时绘制出拉伸过程中试样的应力-应变曲线图，也称 R-e 曲线。图 9-2 所示为低碳钢的 R-e 曲线，纵坐标表示应力 R（Pa），横坐标表示延伸率 e（%），R 和 e 的定义可用下式表示：

$$R=\frac{F}{S_0} \quad e=\frac{L_1-L_0}{L_0}$$

式中　F——轴向拉力（N）；

S_0——试样的原始横截面积（mm^2）。

L_0——试样原始标距（mm）；

L_1——试样被拉断后重新对接的标距。

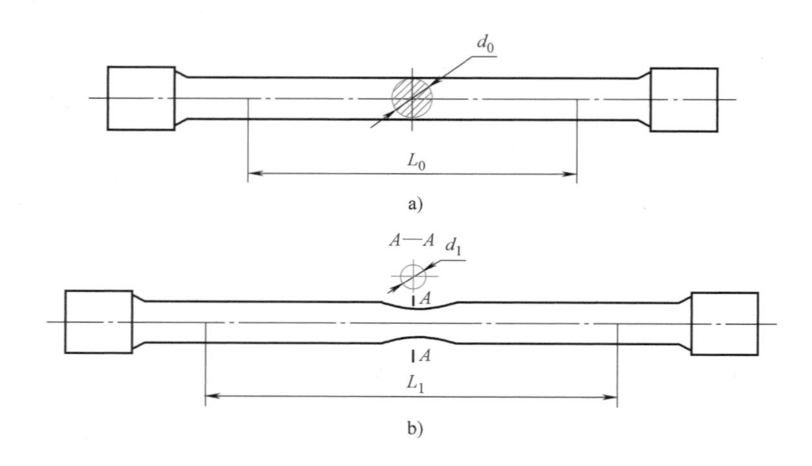

图 9-1　拉伸试样示意

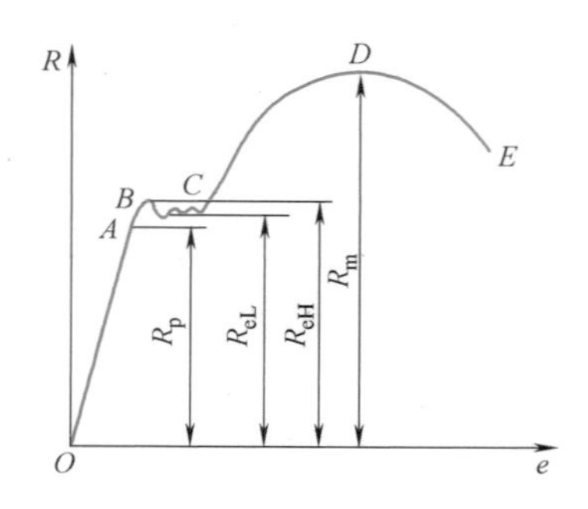

图 9-2　低碳钢 R-e 曲线

从图9-2所示低碳钢应力-应变曲线可以看出材料在单向拉应力作用下，从开始变形直至断裂整个过程中的各种性质，它一般可以分为以下三个阶段：

（1）弹性变形阶段（*OA*段）　在这个阶段，由于材料内部的各原子之间的距离只发生弹性伸长，所以R与e呈直线关系，遵从胡克定律。此时如果卸掉载荷，试样就能恢复到原来的长度。

（2）塑性变形阶段（*BD*段）　此时R与e的关系偏离直线关系。在*BC*段，应力几乎不变，但应变却不断增大。超过*C*点之后，材料进入强化阶段，若要试样继续变形就必须加大载荷。当应力达到最大值（*D*点）后，试样的某一部分截面急剧缩小，产生缩颈现象。在塑性变形阶段即使卸掉载荷，试样也不能恢复到原来的长度。

（3）断裂（*E*点）　在*D*点以后，试样的变形主要集中在缩颈部分，最终导致试样在缩颈处发生断裂。

拉伸曲线所显示出的材料本质主要是由于材料内部微观结构的变化引起的，所以不同的材料在拉伸过程中会出现不同形式的应力-应变曲线。

2. 拉伸曲线所确定的力学性能指标及意义

根据应力-应变曲线可以计算出材料的强度和塑性等力学性能指标。

（1）弹性模量E　在图9-2中所示的直线段*OA*的斜率，即材料的弹性模量E。

$$E=\frac{R}{e}$$

式中　R——材料的应力；

　　e——材料的应变。

弹性模量的值表征材料产生弹性变形的程度。金属的弹性模量是一个对组织不敏感的参数，其大小主要取决于金属的本性，而与显微组织无关。因此，热处理、合金化、冷热变形等对它的影响很小。要想提高金属制品的刚度，只能更换金属材料、改变金属制品的结构形式或增加横截面积。

（2）屈服强度　在拉伸过程中，载荷不增加而应变仍在增大的现象，称为屈服。其分为上屈服强度R_{eH}和下屈服强度R_{eL}。R_{eH}是试样发生屈服而应力首次下降的最大应力；R_{eL}是在屈服期间，不计初始瞬时效应时的最小应力。

对于在拉伸过程中屈服现象不明显的材料，一般测定规定残余延伸强度R_r。规定残余伸长应力是指试样卸除拉伸力后，其标距部分的残余延伸达到规定原始百分比时的应力。使用的符号应附下角标说明所规定的残余延伸率。例如 $R_{r0.2}$，表示规定残余延伸率为 0.2%时的应力。

机械零部件或构件在使用过程中一般不允许发生塑性变形，因此材料的屈服强度是评价材料承载能力的重要力学性能指标。

（3）抗拉强度 R_m　拉伸曲线上 D 点的应力 R_m 称为材料的抗拉强度，它表示试样被拉断前所能承载的最大应力。抗拉强度是零部件设计和材料评定时的重要强度指标。尤其对于脆性材料，由于拉伸时没有明显的屈服现象，这时一般用抗拉强度指标作为设计依据。

抗拉强度 R_m 与材料的密度 ρ 之比称为材料的比强度，它也是零件选材的重要指标之一。

（4）断后伸长率 A　断后伸长率是指试样拉断后标距的伸长量与原始标距的百分比，用符号 A 表示，即

$$A=\frac{L_1-L_0}{L_0}\times100\%$$

式中　L_0——拉伸试样原始标距（mm）；

L_1——试样拉断后对接的标距（mm）。

断后伸长率的数值和试样标距长度有关，标准圆形试样有长试样（$L_0=10d_0$，d_0 为试样直径）和短试样（$L_0=5d_0$）两种。

（5）断面收缩率 Z　断面收缩率是指试样拉断后缩颈处最小横截面积的缩减量与原始横截面积的百分比，用符号 Z 表示，即

$$Z=\frac{S_0-S_1}{S_0}\times100\%$$

式中　S_0——试样原始横截面积（mm^2）；

S_1——试样拉断后缩颈处最小横截面积（mm^2）。

断面收缩率的数值不受试样尺寸的影响，用断面收缩率表示塑性更能接近材料的真实应变。

材料的 A 值或 Z 值越大，说明材料的塑性越好。良好的塑性是材料进行塑性变形加工的必要条件。

9.2　材料的硬度

材料抵抗其他硬物压入其表面的能力，称为硬度。它是衡量材料软硬程度的

力学性能指标。一般情况下，材料的硬度越高，其耐磨性越好。

硬度是材料最常用的性能指标之一。硬度试验方法比较简单，而且材料的硬度与它的力学性能（如强度和耐磨性）和工艺性能（如可加工性和焊接性等）之间存在着一定的对应关系，因此在一些零件图样上，硬度是检验产品质量的重要指标之一。

工程上常用的硬度有布氏硬度、洛氏硬度和维氏硬度。不同测量方法得到的硬度值不能直接比较，必须进行硬度换算。

1. 布氏硬度

布氏硬度试验的原理是用一定载荷 F 把直径为 D 的淬火钢球或硬质合金球压入试样的表面（图 9-3），保持一定时间后卸掉载荷，此时试样表面出现直径为 d 的压痕。用载荷 F 除以压痕球形表面积 A 所得的商，作为被测材料的布氏硬度值，即

$$\mathrm{HBW}=\frac{F}{A}=0.102\frac{2F}{\pi D\left(D-\sqrt{D^2-d^2}\right)}$$

式中　F——载荷（N）；

D——钢球直径（mm）；

d——压痕直径（mm）。

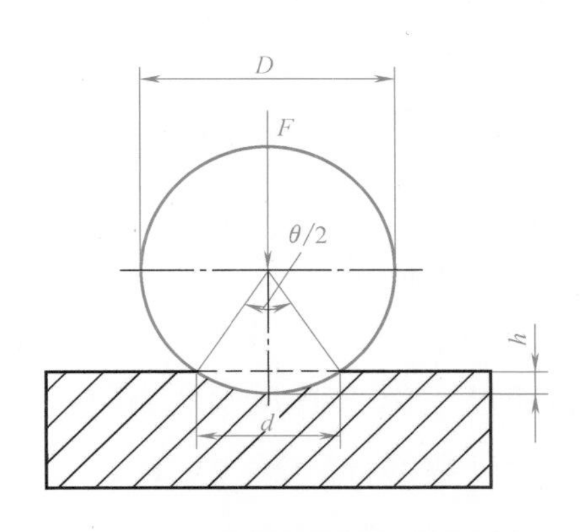

图 9-3　布氏硬度试验原理

布氏硬度的单位为 MPa，习惯上不标注单位。实际应用中一般不直接计算 HBW，而是根据测量的 d 值在相关的表中直接查出布氏硬度值。

布氏硬度的符号为 HBW，其表示方法如下：硬度值+硬度符号+试验条件。如 200HBW10/1000/30 表示用直径为 10mm 的硬质合金球压头，在 1000kgf（9.807kN）力的作用下，保持 30s（持续时间为 10~15s 时，可以不标注），测得

的布氏硬度值为 200HBW。

布氏硬度试验的优点是测量结果准确，适用于测量硬度不超过 650HBW 的材料；缺点是测试麻烦，压痕大，不适合成品检验。

2. 洛氏硬度

洛氏硬度试验的原理如图 9-4 所示。用一个锥角为 120°的金刚石圆锥体或直径为 1.588mm 的淬火钢球作为压头，先施加一个初载荷，然后在规定的主载荷作用下将压头压入被测材料的表面。卸除主载荷后，根据压痕的深度 $h = h_1 - h_0$，确定被测材料的洛氏硬度，该值可以直接从洛氏硬度计上读出。

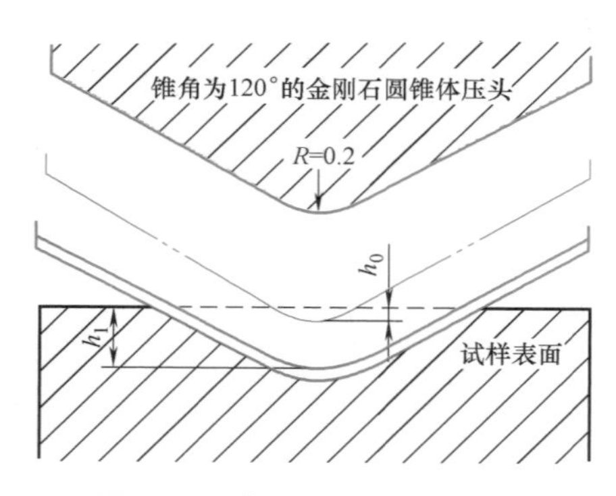

图 9-4　洛氏硬度试验原理

用金刚石圆锥体压头和总载荷为 588.4N 下测得的硬度值以 HRA 表示，适用于测量高硬度的材料，如硬质合金；用淬火钢球压头和总载荷为 980.7N 下测得的硬度值以 HRB 表示，适用于测量较软的材料，如退火钢、正火钢或有色金属等；用金刚石圆锥体压头和总载荷为 1471N 下测得的硬度值以 HRC 表示，适用于测量淬火钢等硬材料。以上三种洛氏硬度中，以 HRC 应用得最多。

洛氏硬度试验方法简便，压痕小，可用于成品零件的检测，也可测定较薄的工件或表面有较薄硬化层的硬度。由于其压痕比较小，易受材料微区不均匀的影响，洛氏硬度值不够准确，所以数据的重复性比较差。

3. 维氏硬度

维氏硬度试验的原理基本与布氏硬度相同，也是根据压痕单位面积上的力来计算硬度值，维氏硬度使用的是锥面夹角为 136°的金刚石正四棱锥体压头，压痕是四方锥形（图 9-5）。测量压痕两对角线的平均长度 d，计算压痕的面积 A_v，用 HV 表示维氏硬度，即

$$\mathrm{HV} = \frac{F}{A_v} = 0.1891\frac{F}{d^2}$$

式中　F——载荷（N）；

A_v——压痕面积（mm^2）。

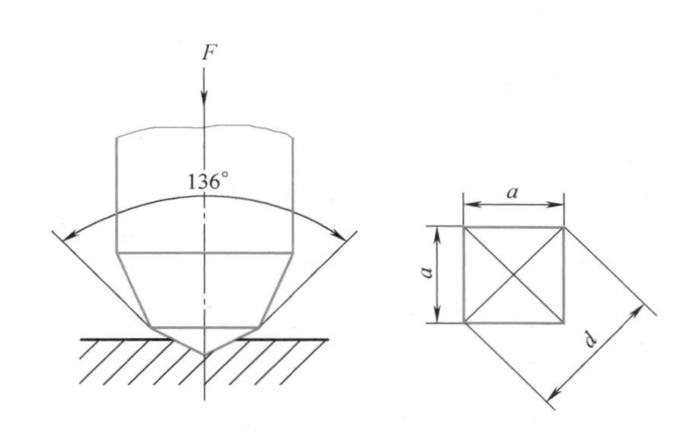

图 9-5　维氏硬度试验示意图

维氏硬度的单位为 MPa，一般不做标注。

维氏硬度所用的载荷小，压痕深度浅，测量精确度高于布氏硬度和洛氏硬度，适用于测量较薄的材料或表面硬化层和金属镀层的硬度。由于维氏硬度的压头是金刚石正四棱锥体，载荷可调范围大，所以维氏硬度可用于测量从软到硬的各种工程材料，测量范围为 5~3000HV。

为了测量一些特殊性能和特殊形状材料的硬度，也可以选择其他的硬度试验方法。例如显微硬度法可用于测量一些薄的镀层、渗层或显微组织中的不同相的硬度；肖氏硬度适合在现场对大型试件（如机床床身、大型齿轮等）进行硬度测量。莫氏硬度用于测量陶瓷和矿物的硬度。

由于各种硬度的试验条件不同，所以它们之间没有直接的换算关系。标注某种材料的硬度值时，必须说明它的硬度测试方法。在工程图样上正确标注材料硬度的方法是：硬度值+硬度符号，例如“洛氏硬度 60”的书写格式为“60HRC”。

9.3　材料的冲击韧性

材料的韧性是指材料在塑性变形和断裂的全过程中吸收能量的能力，它是材料塑性和强度的综合表现。材料的韧性与脆性是两个意义上完全相反的概念，根据材料的断裂形式不同，可分为韧性断裂和脆性断裂。

冲击韧性是指材料在冲击载荷的作用下，材料抵抗变形和断裂的能力。材料的冲击韧性值常用夏比冲击试验方法测定，其试验原理如图 9-6 所示。

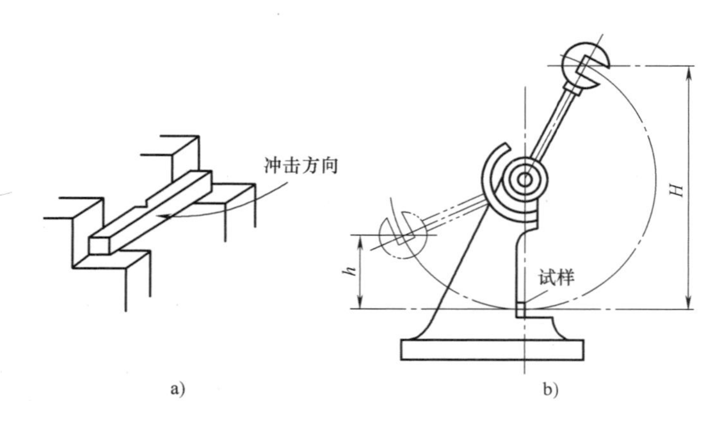

图 9-6　夏比冲击试验原理

在进行冲击试验时，把夏比 U 型缺口试样或夏比 V 型缺口试样背向摆锤方向放在摆锤式冲击试验机的支座上，将质量为 m 的摆锤升到规定的高度 H，然后使摆锤自由落下将试样击断。在惯性的作用下，击断试样后的摆锤会继续上升到某一高度 h。根据能量守恒原理，摆锤一次击断试样所消耗的能量为

$$K = mg(H-h)$$

其中，K 可以从夏比冲击试验机上直接读出，称为冲击吸收能量。K 除以试样缺口处横截面积 S 的值，则为该材料的冲击韧性值，用符号 α_K 表示，单位为 J/cm^2：

$$\alpha_K = \frac{K}{S}$$

V 型试样和 U 型缺口试样的冲击吸收能量分别表示为 KV 和 KU。不同型式试样的冲击韧性值不能直接进行比较或换算。材料的冲击韧性的大小除了与材料本身特性，如化学成分、显微组织和冶金质量等有关外，还受试样的尺寸、缺口形状、加工表面粗糙度值和试验环境等影响。

由于材料的冲击韧度值 α_K 是在一次冲断的条件下获得的，对判断材料抵抗大能量冲击的能力有一定的意义。实际上，在冲击载荷下工作的机械零件，很少受到大能量的一次冲击而被破坏，大多都是受到小能量的多次冲击后才失效被破坏。一般来说，材料抵抗大能量一次冲击的能力取决于材料的塑性，而抵抗小能量多次冲击的能力则取决于材料的强度。因此，在设计机械零件时，不能片面地追求高的 α_K 值，α_K 值过高必然要降低强度，导致零件在使用过程中因强度不足而早

期失效。

材料的韧性均有随温度的下降而降低的趋势，但不同的材料韧性降低的程度不一样。一些中低强度的钢在某一温度以下具有明显的冷脆性。材料从韧性状态转变为脆性状态的临界转变温度，称为材料的冷脆转化温度，用符号 T_k 表示，如图 9-7 所示。用于低温工作环境中的材料要进行低温冲击试验。

对于脆性材料，如陶瓷，一般不采用冲击韧性作为韧性的量度，因为当材料的韧性很低时，采用一次摆锤冲击试验法获得的冲击韧性值的精度不能满足测量的要求。

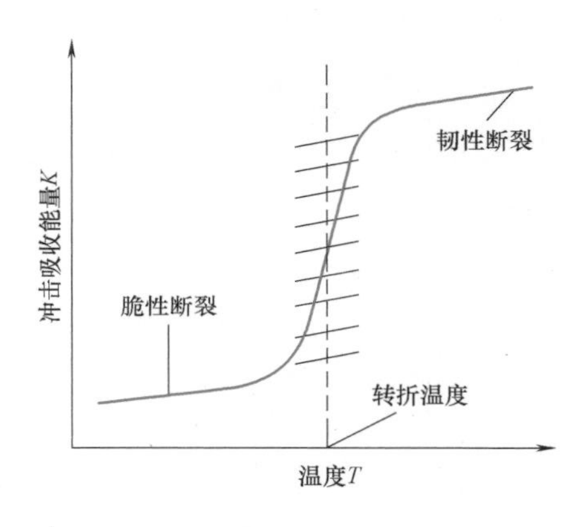

图 9-7　冲击吸收能量-温度曲线

9.4　材料的疲劳强度

力的大小和方向都随时间呈周期性的循环变化的应力，称为交变应力。材料在交变应力作用下发生的断裂现象，称为疲劳断裂。疲劳断裂可以在低于材料的屈服强度的应力下发生，断裂前也无明显的塑性变形，而且经常在没有任何征兆的情况下突然断裂，因此疲劳断裂的后果是十分严重的。

材料的疲劳强度可以通过疲劳试验测定。图 9-8 所示为材料的疲劳特性试验原理。将光滑的标准试样的一端固定并使试样旋转，在另一端施加载荷。在试样旋转过程中，试样工作部分的应力将发生周期性的变化，从拉应力到压应力，循环往复，直至试样断裂。

材料所受的交变应力与断裂循环次数之间的关系可以用图 9-9 所示的疲劳曲线（也称 R-N 曲线）描述。纵坐标为交变应力 R，横坐标为循环次数 N。从 R-N

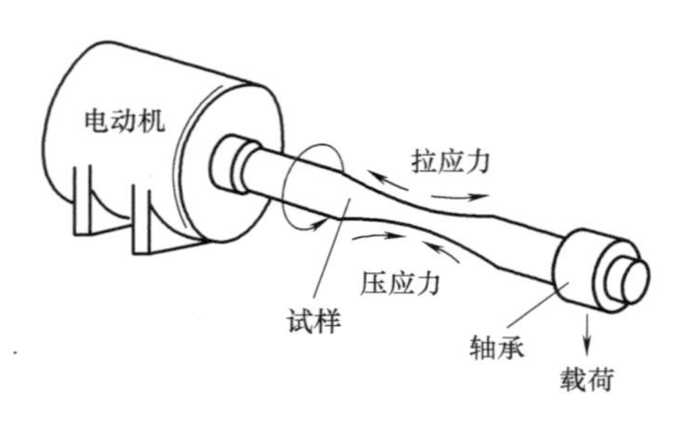

图 9-8　疲劳特性试验原理

曲线可以看出，R 越小，N 越大。当应力低于某数值时，经无数次应力循环也不会发生疲劳断裂，此应力称为材料的疲劳极限，通常用 R_r 表示（r 是应力循环对称次数），单位为 MPa。如果采用对称的循环应力，材料的疲劳强度用 R_{-1} 表示。

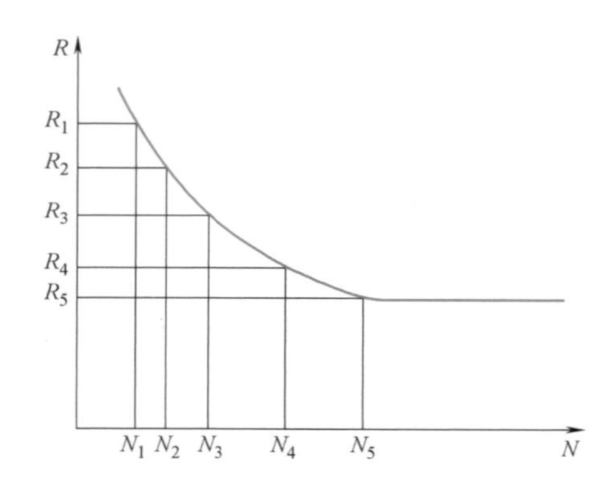

图 9-9　材料的疲劳曲线

由于疲劳试验时不可能进行无限循环，而且有些材料的疲劳曲线上没有水平部分，所以规定一个应力循环基数 N_0，N_0 所对应的应力作为该材料的疲劳极限。一般钢铁的循环基数为 10^7，有色金属和某些超高强度钢的循环基数为 10^8。

一般钢铁材料的 R_{-1} 值约为其抗拉强度 R_m 的一半，而非金属材料的疲劳极限一般远低于金属材料。

在机械零件的断裂中，80%以上都属于疲劳断裂。影响疲劳强度的因素很多，其中主要有应力循环特性、材料的本质、残余应力和表面质量等。在生产中常采用各种材料表面强化处理技术，使金属的表层获得有利于提高材料疲劳强度的残余压应力分布。这些表面强化技术包括喷丸、滚压、渗碳、渗氮和表面淬火等。此外，提高零件表面质量，即降低零件表面粗糙度值也可以使材料的疲劳极限显著提高。

9.5　材料的断裂韧性

断裂韧性是以断裂力学为基础的材料韧性指标。断裂力学是把材料的断裂过程与裂纹扩展时所需的能量联系起来，它对评估材料的使用寿命、设计可靠运转的机件具有重要的指导意义。

在工程构件和机械零件设计中，通常采用材料的屈服强度作为材料的许用应力［R］

$$[R]=\frac{R_{\mathrm{eL}}}{n},\quad n>1$$

一般认为，只要零件的工作应力小于或等于许用应力，就不会发生塑性变形，更不会发生断裂。但是，一些用高强度钢制造的零件或大型焊接构件，如桥梁、船舶等，有时会在工作应力远低于材料屈服强度，甚至低于许用应力的条件下，突然发生脆性断裂，这样的断裂称为低应力脆断。

在传统的材料力学中都是假定材料内部是完整的、连续的，因此从材料力学的角度无法解释材料的低应力脆断现象。实际上，材料或构件本身不可避免地存在各种冶金或加工缺陷，这些缺陷相当于裂纹，或者它们在使用过程中扩展成为裂纹。近代断裂力学认为，低应力脆断正是由于这些微裂纹在外力作用下的扩展造成的。一旦裂纹长度达到某一临界尺寸时，裂纹的扩展速度就会剧增，从而导致断裂。材料抵抗裂纹失稳扩展断裂的能力，称为断裂韧性。

比较常见又比较危险的裂纹是张开型裂纹，又称Ⅰ型裂纹，如图9-10所示。假设平板上的裂纹长度为$2a$，在垂直裂纹面的外力拉伸作用下，受裂纹的影响，材料各部位的应力分布不均匀，在裂纹尖端的前沿产生的应力集中最大。根据断裂力学的观点，只要裂纹两端很尖锐，顶端附近各点应力R的大小取决于比例系数K_{I}。由于K_{I}反映了裂纹尖端附近各应力点的强弱，所以称为应力强度因子K_{I}（$\mathrm{MPa}\cdot\sqrt{\mathrm{m}}$）。其表达式为

$$K_{\mathrm{I}}=R\sqrt{\pi a}$$

式中　R——外加应力（MPa）；

a——裂纹长度的一半（m）。

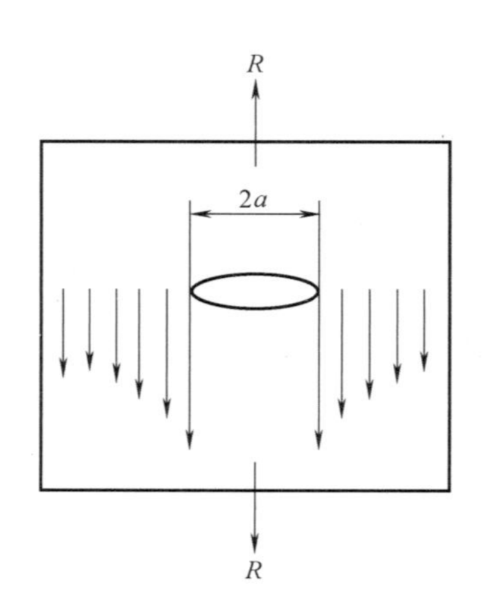

图 9-10 张开型裂纹的平板试样

K_{I} 值与裂纹尺寸、形状和外加应力的大小有关。随着外加应力 R 的增大或裂纹增长，K_{I} 也相应增大，当 K_{I} 增大到某一临界值时，裂纹前端的内应力将大到足以使裂纹失稳扩展，从而发生脆性断裂。这个应力强度因子的临界值，称为材料的断裂韧性，用 K_{IC} 表示。

K_{IC} 是量度材料抵抗裂纹失稳扩展阻力的物理量，是材料抵抗低应力脆性断裂的韧性参数。它与材料的成分、热处理以及加工工艺有关，与裂纹的形状、尺寸以及外加应力的大小无关。

参考文献

[1] 王毓彤，等. 3D打印成型材料［M］. 南京：南京师范大学出版社，2016.
[2] 史玉升，等. 3D打印材料：上册［M］. 武汉：华中科技大学出版社，2019.
[3] 史玉升，等. 3D打印材料：下册［M］. 武汉：华中科技大学出版社，2019.